Electrónica

W. P. JOLLY

Electrónica

Ediciones Pirámide, S. A. · Madrid

Título de la obra original:
ELECTRONICS

Traducción: Ricardo Benítez Robredo

Diseño de la cubierta: Narcís Fernández

Primera edición, 1985
Segunda edición: 1987
Tercera edición, 1989

Josefa Valcárcel, 27. 28027 Madrid
Depósito legal: M. 7.889-1989
ISBN: 84-368-0280-2
Printed in Spain
Impreso en Lavel
Los Llanos, nave 6. Humanes (Madrid)

Índice

Prólogo

«Los árboles no te permiten ver el bosque»; éste es un dicho popular que tiene cierta validez pero no tiene en cuenta que es cada uno de los árboles lo que detiene al viajero, no el bosque.

El reino vegetal y la electrónica son materias de complejidad comparable. El botánico profesional tendrá un conocimiento enciclopédico adquirido a lo largo de mucho tiempo, pero el principiante o el lego despierto e inquisitivo querrán aprender lo esencial de la materia rápidamente. Cuando se comienza a estudiar el reino vegetal, se puede lograr que la razón entre el conocimiento adquirido y el tiempo invertido alcance un valor elevado considerando las *diferencias* entre los diferentes tipos de «bosque» —bosque de pinos, monte bajo, jungla— y las *similitudes* entre todos los árboles —raíces, ramas, hojas—. Tal aproximación se ha seguido en la presentación de la electrónica en este libro.

El capítulo inicial es esencialmente una revisión, independiente del resto, de la electrónica moderna; en él se presentan los conceptos fundamentales de electrón, energía y ondas, y los principios generales aplicables a los sistemas de comunicación, cálculo y control. Los capítulos siguientes ponen de manifiesto la naturaleza y propiedades básicas de los materiales utilizados en electrónica y describen la válvula, el diodo de unión y el transistor, de forma que el lector pueda entender al detalle el funcionamiento de los circuitos interruptores y amplificadores básicos. Se describe a continuación la forma en que se pueden formar circuitos con los interruptores y amplificadores electrónicos para obtener funciones especiales, y estos circuitos particulares, tratados como bloques, se muestran después reunidos en los sistemas típicos. Los capítulos finales tratan sobre la electrónica cuántica y ondulatoria, incluyendo los lasers, la crioelectrónica, y aquellos componentes como las luces de estado sólido y los tiristores; y, por último, los circuitos integrados y los microprocesadores y sus aplicaciones, además del diseño asistido por ordenador y la transferencia electrónica de fondos.

En esencia, este libo trata de «meter» la electrónica moderna en algo más de doscientas páginas, de modo que el lector llegue a reconocer y entender tanto el «bosque» como los «árboles». Se espera, en concreto, que no se verá intimidado por ningún aparato electrónico con el que se tropiece posteriormente, sino que comprobará que éste aplica principios que él conoce previamente y utiliza elementos de circuitos desarrollados a partir de aquellos de los que ha estudiado el funcionamiento detallado.

W. P. J.

1 ¿Por qué electrónica?

La pregunta que da título a este capítulo introductorio necesita en realidad dos respuestas.

¿Por qué elegir la electrónica como una materia de estudio? Quizá la rápida y triste respuesta es que hay que realizar un examen. Pero un examen aprobado quiere decir que se han adquirido unos conocimientos. ¿Es la electrónica suficientemente importante para que merezca la pena adquirir estos conocimientos, incluso sin tener que examinarse?

La enorme extensión de la industria electrónica podría bastar para tranquilizar a cualquier lector. La instrumentación, la comunicación y el cálculo implican una cantidad tan colosal de capital invertido y una interacción tan profunda con la vida diaria que no hay poca duda de que la materia merezca la pena estudiarse por propio derecho, incluso si no tuviera lugar un mayor desarrollo.

Este juicio no tiene en cuenta aquellas nuevas tecnologías, nuevas artes y entretenimientos que han nacido con la electrónica, o que dependen de la electrónica para su existencia. La gente que está interesada o que trabaja en estos campos no tiene necesariamente conocimiento de los principios de la electrónica; no más que el que Miguel Ángel necesitaba de las técnicas de extracción del mármol. Pero es seguro que tal conocimiento arrojará luz sobre los problemas, ampliará los horizontes y generalmente acrecentará la pericia —y la diversión— en áreas que pueden encontrarse muy alejadas de la tecnología.

Otra pregunta podría ser: «¿Por qué electrónica y no neutrónica o atómica de hidrógeno?» ¿Hay algo especial en el electrón que lo distingue de otras partículas? Quizá deberíamos en este punto revisar someramente algunas de las propiedades principales del electrón que son responsables de su importancia fundamental y de las muchas maneras en que ha sido usado en sistemas de ingeniería.

El electrón es el objeto más ligero y más pequeño que existe, y puede ser movido de manera fácil más rápidamente que cualquier otro objeto. Por estas razones tiene claramente un gran potencial en tecnología.

Debido a que el electrón tiene una carga eléctrica puede ser fácilmente manipulado por medios eléctricos. De hecho es electricidad: una corriente eléctrica es un flujo de electrones, y la electricidad, con su sencillez de aplicación para producir calor, luz y potencia motriz, tiene un conjunto completo de industrias propias.

Veremos que el electrón es fundamental, porque es parte de toda materia, y cualquier cosa que le ocurra a una sustancia puede ser reflejada como un reagrupamiento de sus electrones constituyentes. Este reagrupamiento se puede detectar, normalmente, con algún instrumento electrónico adecuado si se quiere descubrir qué le está ocurriendo a la sustancia. Inversamente, si queremos hacer que le ocurra algo a la sustancia, ello puede conseguirse a menudo electrónicamente.

La sustancia que más nos interesa, incluso si no somos hipocondríacos, es la materia de nuestros propios cuerpos. Los electrones son parte de cada grano y fibra de toda criatura viviente, y, fluyendo por el cerebro, los nervios y los músculos, determinan nuestros pensamientos y movimientos.

Los electrones radian el calor y la luz que determinan nuestro ambiente natural, y si este ambiente no nos satisface, podemos utilizar la electricidad para modificarlo.

Si queremos hablar con alguien fuera del alcance del oído, o mirar algo que no esté a la vista, o hacer una suma que podría durar más que una vida, la electrónica nos permitirá hacerlo.

El electrón es la materia de la que estamos hechos, el agente de nuestros pensamientos y movimientos, el controlador de nuestro ambiente y de la extensión de nuestros sentidos. El estudio de la electrónica moderna nos dirá mucho más que lo que ocurre dentro de las «cajas negras» que juegan tan importante papel en nuestra vida y muerte. Puede decirnos también algo acerca del hombre, y de cómo puede interactuar con su ambiente y con otros hombres.

Todo esto es realmente grandioso y ya es tiempo de que echemos un vistazo a los temas específicos que tratamos de discutir para intentar tomar contacto con las extensas generalizaciones expuestas anteriormente.

1.1. Estructura de la materia

Un tema que discutiremos, sin duda alguna, será la estructura de la materia. Descubriremos que existe un modelo simple general para la estructura de todos los materiales sólidos, que son los que principalmente nos conciernen, y que los electrones son una parte clave del modelo.

Hay más de cien sustancias químicas de las que el mundo está hecho. Sustancias tales como oxígeno, carbono, hidrógeno, hierro, azufre y silicio. A menudo, por supuesto, se combinan unas con otras para formar materiales más elaborados, tal como el oxígeno y el hidrógeno en el agua. Pero aquéllos son elementos primarios; elementos que los químicos han agrupado en una lista denominada Sistema Periódico, y que, en diferentes combinaciones, van a formar todos los millones de compuestos que existen.

Sin embargo, si se examina un átomo de cualquiera de estos elementos, se hallará que está formado por tres tipos de partículas diferentes: protones, electrones y neutrones. Los átomos de algunos de estos elementos contienen varios cientos de partículas, mientras que otros elementos pueden tener menos de diez en su átomo.

Antes de ver cómo estas partículas forman un átomo, necesitamos conocer algo de sus dos propiedades más importantes: masa y carga eléctrica. El protón y el neutrón tienen ambos aproximadamente la misma masa, y la masa del electrón es mucho menor (cerca de 1/1.840 de la masa del protón). El electrón está cargado negativamente, y el protón tiene una carga del mismo valor pero de signo positivo. El neutrón no tiene carga.

Cualquier objeto, de un átomo o más de tamaño, contendrá normalmente igual número de protones y electrones, por tanto no tendrá carga eléctrica neta. Si los electrones son extraídos de alguna forma del objeto, éste adquirirá una carga positiva neta. Si se le añaden electrones, quedará negativamente cargado.

Dos objetos eléctricamente cargados ejercen una fuerza entre sí, la cual es inversamente proporcional al cuadrado de la distancia que los separa. Si las dos cargas tienen el mismo signo, los objetos se repelen, y si las cargas son de signo contrario, las cargas se atraen mutuamente. En particular, un protón y un electrón se atraerán y cuanto más cercanos estén, mayor será la fuerza.

En general, un átomo tiene una parte central denominada núcleo, constituida de protones y neutrones. Rodeando al núcleo hay una nube de electrones. El número de protones en el núcleo es igual al número de electrones existentes en la nube. La carga positiva total del núcleo debida a los protones está equilibrada por la carga de todos los electrones de la nube; así el átomo es un todo eléctricamente neutro.

Para llegar a tener una idea de los principios comunes a la estructura de todos los átomos, empezaremos por considerar el átomo más simple; el del elemento hidrógeno.

El hidrógeno es el más ligero de todos los átomos, con un único electrón en la «nube» de electrones y un único protón como núcleo. Todos los demás elementos tienen tanto protones como neutrones en el núcleo; por ejemplo, el helio, el segundo átomo más simple, tiene dos electrones en la nube, y dos protones y dos neutrones en el núcleo.

En el átomo de hidrógeno el electrón gira alrededor del núcleo de forma similar a como la Tierra gira alrededor del Sol. Si consideramos la órbita del electrón circular, su radio es tal que la atracción eléctrica entre el neutrón, positivamente cargado, y el electrón, cargado negativamente, es suficiente para proporcionar la fuerza necesaria para curvar la trayectoria del electrón hasta formar un círculo, del mismo modo que una piedra que girase atada al extremo de una cuerda no sale disparada según una tangente, al verse obligada a mantener su trayectoria circular por la tensión ejercida por la cuerda.

Este sencillo sistema, con el electrón girando alrededor del núcleo, tiene una cierta cantidad de energía asociada.

Por un lado está la energía cinética del movimiento del electrón. Cualquier cuerpo en movimiento posee una energía cinética cuyo valor es directamente proporcional a la masa del cuerpo y al cuadrado de su velocidad. Por tanto, un cuerpo pequeño a gran velocidad, como una bala, puede tener más energía cinética que un cuerpo mucho mayor que se mueva lentamente.

El segundo tipo de energía asociada con el átomo de hidrógeno es la energía potencial, debida al hecho de que una carga positiva y otra negativa separadas una cierta distancia se atraen entre sí, pudiendo disponerse de modo que produjesen un trabajo al acercarse. De igual forma, el agua de un lago en lo alto de una montaña tiene una energía potencial asociada, porque podría disponerse de modo que produjera trabajo al hacer girar una turbina abajo, en el valle. Cuanto más alto esté el lago respecto al valle, mayor será la energía potencial. De forma similar, cuanto más lejos esté el electrón del núcleo en el átomo de hidrógeno, mayor será su energía potencial.

La energía total asociada con el átomo de hidrógeno es la suma de su energía potencial y su energía cinética. Este total depende del radio de la órbita en la que se mueve el electrón y tiene un valor mínimo para los átomos de hidrógeno en estado normal. Si un átomo normal de hidrógeno recibe un poco de energía adicional de algún modo, el electrón pasa a girar en una órbita de radio mayor, y la energía total asociada con el átomo es ahora más alta que la que tenía en estado normal. Los átomos que poseen más energía que la cantidad normal se denominan «excitados».

La manera en que un átomo recibe energía adicional para pasar a un estado excitado, y el modo en que renuncia a esta energía para volver al estado normal, es de importancia fundamental y lo trataremos más adelante, dentro de la teoría cuántica. En particular, estudiaremos que sólo se le puede suministrar energía a un átomo en paquetes de tamaño determinado y que la energía es emitida por los átomos excitados en bloques similares. Un tamaño erróneo del bloque no será admitido por un átomo, y un átomo excitado nunca emitirá otra cosa que un conjunto limitado de estos paquetes.

El hecho de que un átomo particular pueda sólo emitir o absorber bloques de cierto tamaño es una consecuencia del conjunto de reglas que gobiernan el comportamiento de los electrones en los átomos.

La primera de ellas es que, en el átomo, un electrón sólo puede poseer determinadas energías —hay ciertos «niveles de energía permitidos para el electrón—. Este concepto de nivel de energía permitido se extenderá después de un átomo aislado a los electrones en los sólidos, donde las propiedades eléctricas están fuertemente ligadas por los niveles de energía permitidos y por cuáles de ellos poseen los electrones.

Otra consecuencia de las reglas referentes al comportamiento del electrón en el átomo captarán nuestro interés seguidamente, ya que estas reglas establecen un conjunto de modelos según los cuales los electrones se organizan en átomos más complejos que el del hidrógeno.

El átomo de hidrógeno es muy simple, con su único electrón girando en una órbita circular, de radio fijo para el estado normal del átomo.

El helio es el siguiente átomo más simple, con dos electrones y, por supuesto, dos protones en el núcleo, para equilibrar la carga negativa de los electrones. El núcleo contiene además dos neutrones. Los dos electrones se mueven alrededor del núcleo en la misma órbita.

Cuando pasamos al siguiente elemento, el litio, que tiene tres electrones orbitales, vemos que los electrones se agrupan en una forma nueva alrededor del núcleo. El núcleo contiene ahora tres protones y algunos neutrones.

Dos de los electrones se hallan en la misma órbita, pero el tercero está en una diferente, mucho más alejada del núcleo. Las reglas dicen que la órbita, o capa, más interior, está completamente llena cuando contiene dos electrones. Los átomos como el litio, con más de dos electrones, tienen que comenzar una segunda órbita de radio mayor para acomodar al tercero, cuarto, etc. Cuando esta segunda órbita alcanza ocho electrones, no hay sitio para más, y se debe iniciar una tercera de radio todavía mayor. Por ello el sodio, que tiene once electrones orbitales, tiene: dos en la órbita más interior; ocho en la siguiente y uno en la más externa.

En las ilustraciones de las órbitas electrónicas para varios átomos, el número con signo positivo indica el número de protones en el núcleo y, por tanto, el número de electrones orbitales. A este número se le llama número atómico del elemento. Existen neutrones en todos los núcleos salvo en el del hidrógeno.

Las propiedades químicas de un elemento están determinadas por sus electrones, y, a este respecto, no resulta sorprendente que

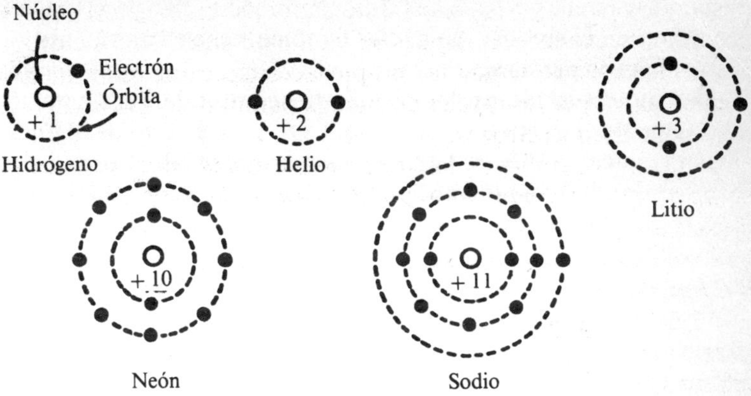

Figura 1.1

los más exteriores sean los más importantes, porque, cuando dos átomos se aproximan durante una reacción química, son los electrones en las órbitas externas los que primero se encuentran e interactúan. Merece la pena fijarse en las ilustraciones para ver que el hidrógeno, el litio y el sodio, todos con un electrón en su envoltura externa, tienen un parecido general en su comportamiento químico. De modo similar, muchos de los átomos con dos electrones —o con tres, etc.— en la capa externa, pueden ser agrupados por estar relacionados químicamente.

Los átomos nunca existen en general aisladamente. La forma más simple en la que encontramos la materia en la naturaleza se da en los gases. Éstos están constituidos por moléculas aisladas moviéndose aleatoriamente y, en gran medida, de forma independiente de las restantes, salvo cuando colisionan.

Moléculas típicas de gas son el oxígeno, O_2, y el hidrógeno, H_2. En cada una de estas moléculas se unen dos átomos del elemento para formar la unidad estable que se encuentra en el oxígeno o hidrógeno naturales. Los átomos de una molécula se mantienen juntos mediante fuerzas debidas a complejas interacciones de los electrones de los diferentes átomos. La naturaleza exacta de estas fuerzas no nos concierne, ya que nos interesaremos más en el estudio de los sólidos que en el de los gases. Sin embargo, es importante señalar que tanto las moléculas, como los átomos, emiten o absorben energía en paquetes de determinado tamaño y que los electrones en el sistema molecular también tienen únicamente algunas energías permitidas.

Las moléculas de gas pueden contener más de un elemento, por ejemplo, el dióxido de carbono, CO_2, y en el caso de algunos gases orgánicos pueden contener muchos átomos de diversos elementos y ser de gran tamaño.

Un sólido es, en muchos aspectos, similar a una molécula muy grande. La mayoría de los sólidos que tienen importancia en electrónica son cristalinos, y el rasgo característico de un cristal es una disposición regular de sus átomos. Los átomos pueden ser del mismo elemento, como en el cobre, o de elementos diferentes, como en la sal común, NaCl, o el sulfato de cobre, $CuSO_4$.

En un cristal, como en una molécula, la interacción de los electrones orbitales mantiene a cada átomo en su forma cristalina, o red, característica.

Existen determinados niveles de energía para el electrón en un sólido, del mismo modo que en el átomo y la molécula, y estos niveles de energía serán diferentes para los distintos materiales.

Un aspecto importante de las propiedades del electrón en los sólidos es que ciertos materiales, particularmente los metales, contienen electrones que se pueden mover lejos de los átomos de los que proceden. Si se concecta una batería a uno de estos materiales, los electrones circularán a través de él. A este tipo de materiales se les denomina conductores de electricidad. Si la conexión de una batería a cierto material no causa un flujo de corriente eléctrica, éste recibe el nombre de aislante.

A medida que circulan por el conductor, los electrones que forman la corriente que la batería establece en el circuito entregan parte de su energía a la estructura sólida principal del material, que se convierte en calor. Si los electrones pierden mucha energía al circular por el material conductor, se dice que el conductor tiene una gran resistencia al paso de la corriente. Una intensidad dada que circule por un conductor de gran resistencia generará mucho más calor que la misma corriente circulando por uno de baja resistencia. Por ello el elemento calorífico de un hornillo se hará de un material de gran resistencia, normalmente una aleación metálica. Los hilos que conducen la electricidad bajo tierra se harán de un material de baja resistencia, invariablemente un metal.

Los materiales que ofrecen poca resistencia al paso de una corriente eléctrica se dice que son buenos conductores eléctricos.

Ésta, entonces, es la forma en que la energía química almacenada en una batería se convierte en calor mediante la acción de electrones que circulan por un conductor. Si un metal se calienta a una temperatura suficiente por el paso de una corriente, como en las bombillas de filamento de tungsteno, el mismo mecanismo puede producir luz, otra forma de energía.

Algunas veces, sin embargo, será necesario animar a los electrones a escapar de la superficie del metal, como, por ejemplo, cuando se forma un haz de electrones en un tubo de rayos catódicos para trazar una imagen en una pantalla.

1.2. Emisión electrónica

La emisión de electrones por parte de un material sólo ocurre si los electrones han recibido de algún modo energía suficiente para atravesar la superficie, donde existe un cierto tipo de barrera energética, llamada función de trabajo del material. Los materiales con funciones de trabajo pequeñas emiten electrones fácilmente por necesitar cada electrón una cantidad menor de energía para vencer la barrera energética y escapar.

Si un sólido se calienta, recibe una energía adicional. Ésta puede ser compartida por la red cristalina regular y algunos de los electrones que consiguen desprenderse de los átomos a que pertenecen. El proceso por el que los electrones adquieren, de este modo, suficiente energía para abandonar la superficie del sólido, se denomina emisión termoiónica, porque es ocasionado por el calor. La emisión termoiónica suministra los electrones que se mueven en el vacío en una válvula (véase el apartado 3.1), pero no los que lo hacen en un transistor, que siempre permanecen en el material sólido del que está hecho el transistor.

Otra manera en la que los electrones pueden recibir energía es haciendo incidir la luz sobre la superficie del material. El proceso por el que los electrones se desprenden al recibir energía de la luz incidente se llama emisión fotoeléctrica. Ésta es el fundamento de muchos dispositivos sensibles a la luz, que utilizan células fotoeléctricas.

Para un material con una función de trabajo dada existe una determinada longitud de onda crítica para la que se produce la emisión. En general, por tanto, la luz ultravioleta o la azul, que tienen una longitud de onda pequeña, causan emisión fotoeléctrica en más materiales que las radiaciones de gran longitud de onda como la roja o la infrarroja.

El que un electrón permanezca dentro de un sólido o escape de él depende de la cantidad de energía que posea. Pero dentro de un sólido los electrones tienen cierto número de niveles de energía permitidos, y muy a menudo algunas propiedades importantes del material dependen de cuáles de estos niveles estén ocupados. Por ello, un material puede ser aislante si sus electrones se encuentran en niveles de energía bajos, pero puede hacerse que conduzca la electricidad si se le da suficiente energía para llevar a sus electrones a niveles de energía permitidos más altos. Más aún, si los electrones de los niveles altos ceden energía y caen en niveles inferiores, la energía emitida puede ser útil en algunas formas particulares —los lasers, por ejemplo, se basan en esta emisión.

Hemos visto que los electrones son fundamentales en la estructura de la materia. Además, que el papel que juega un electrón en la estructura está muy relacionado con los niveles de energía que le son permitidos y con la energía que realmente tiene. En particular, hemos visto que cuando los electrones circulan en forma de corriente eléctrica por un sólido pueden ceder energía a la estructura cristalina, de modo que el material puede despedir calor y, quizá, luz. Pasaremos ahora, por tanto, del estudio de la estructura de la materia a estudiar la naturaleza de la energía y especialmente la relación entre los electrones y la explotación y generación de las formas más importantes de energía.

1.3. Energía electromagnética

De todas las formas de energía, la familia denominada electromagnética es quizá la más interesante, la más fundamental y la que tiene una mayor diversidad de propiedades. El calor, la luz, los rayos X, los rayos γ, la radio, el radar y la televisión son todos miembros de esta familia. Todos ellos pertenecen al llamado espectro electromagnético, y la gran diferencia que hay entre sus propiedades es debida a las diferencias entre sus longitudes de onda. Las ondas de radio pueden tener hasta 1.500 metros de largo, aunque normalmente sus valores oscilan desde unos pocos hasta cerca de 10 metros. Las ondas de radar y de televisión tienen desde unos metros hasta muy pocos milímetros. A continuación, en sentido decreciente de la longitud de onda, se encuentran el calor, la radiación infrarroja, la visible y la ultravioleta. Por último, a longitudes de onda de 10^{-10} metros y menores, aparecen los penetrantes rayos X y los rayos γ. Todos estos tipos de radiación son electromagnéticos. Cuando esta radiación atraviesa un punto del espacio pueden detectarse en aquél efectos eléctricos y magnéticos.

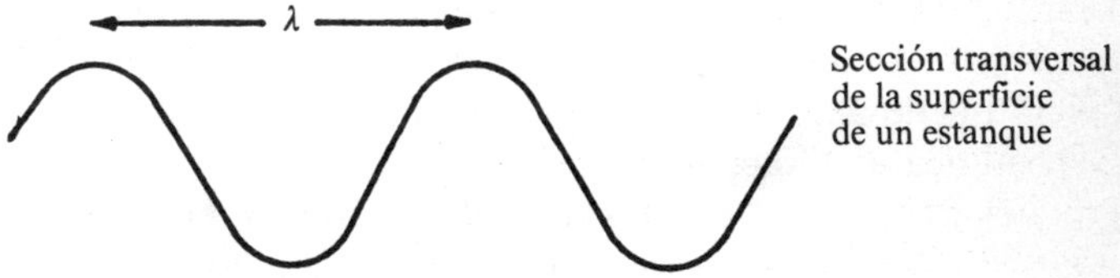

Figura 1.2

Para sentar las ideas de longitud de onda y frecuencia es conveniente dejar por un momento las ondas electromagnéticas y fijarse en las ondas ordinarias en el agua, que son mucho más sencillas de imaginar, puesto que todos nos encontramos familiarizados con las crestas y valles de las ondas avanzando por la superficie de un estanque o de las olas del mar.

El número de ondas que pasan por un punto determinado en un segundo se llama frecuencia (f) de la onda y algunas veces se expresa en ciclos por segundo, aunque actualmente se prefiere el término hertzio. La longitud de onda (λ) es la distancia entre dos crestas sucesivas.

Si f ondas pasan por un punto en un segundo y la longitud de cada una es λ, la perturbación habrá avanzado una distancia igual a f veces λ en un segundo. La velocidad de la onda (c) viene dada por $c = f\lambda$.

Si volvemos ahora a las ondas electromagnéticas, observaremos que el concepto $c = f\lambda$ también es aplicable a ellas. La velocidad de toda onda electromagnética es, en el espacio libre, de

3×10^8 metros por segundo, siendo la velocidad en cualquier material menor que ésta, por ejemplo, la luz en el cristal. Esta velocidad, 3×10^8 metros por segundo, es muy especial, fundamental en la teoría de la relatividad, que dice que ningún objeto material, y ninguna energía, puede viajar a una velocidad mayor que 3×10^8 metros por segundo; normalmente se denomina velocidad de la luz («en el espacio libre» o «en el vacío»; habitualmente no se incluyen en la expresión).

Hay un concepto más general que se aplica a la radiación electromagnética y que es extremadamente importante en electrónica. Es el principio cuántico, que establece que la energía electromagnética sólo se emite o absorbe en paquetes de determinado tamaño. Estos bloques se llaman cuantos; y la cantidad de energía E de un cuanto es proporcional a la frecuencia f de la radiación. $E = hf$, donde h es una constante denominada constante de Planck. Una sustancia puede absorber o emitir varios cuantos al mismo tiempo, pero nunca una fracción de cuanto.

Los dos conceptos que más importancia tienen en la determinación del modo en que la radiación es emitida o absorbida por la materia son la idea de niveles de energía permitidos y la relación $E = hf$.

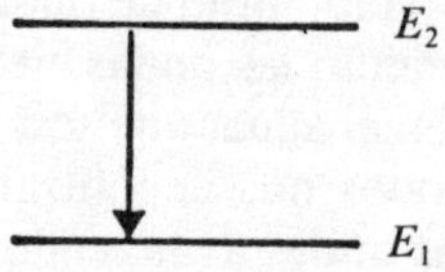

Figura 1.3

En particular, si un electrón pierde energía se dirá que cae desde un nivel de energía alto a otro más bajo. Esto puede representarse como en la figura 1.3, donde la flecha indica que el electrón que tenía una energía E_2 ha perdido una parte de ella y ahora tiene una cantidad menor, E_1, es decir, el electrón ha caído desde un nivel alto a un nivel inferior. Si la energía que pierde el electrón es emitida en forma de radiación electromagnética, se cumple el principio cuántico. La cantidad de energía emitida es $E_2 - E_1$, es decir, el tamaño del cuanto es $E_2 - E_1$, y la frecuencia de la radiación viene dada por $E_2 - E_1 = hf$.

Tanto los átomos como las moléculas y los sólidos cristalinos poseen sus propios sistemas característicos electrónicos de niveles de energía. Un átomo de hidrógeno tiene cierto conjunto de niveles electrónicos de energía, que es el mismo para todos los átomos de hidrógeno y diferente para el resto de las sustancias.

Si los átomos de un elemento sólo poseen determinados niveles electrónicos de energía, habrá un número correspondiente de frecuencias para la radiación emitida por el elemento, porque la emisión de energía sólo puede darse cuando ocurren transiciones entre este limitado número de niveles.

Por tanto, si imaginamos un caso muy simplificado en el que sólo hay tres niveles de energía permitidos: E_1, E_2 y E_3, como se muestra en la figura 1.4, la sustancia sólo podrá emitir energía a tres frecuencias determinadas, dadas por:

$$E_3 - E_2 = hf_1$$
$$E_2 - E_1 = hf_2$$
$$E_3 - E_1 = hf_3$$

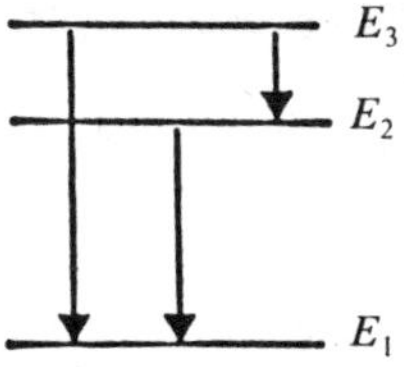

Figura 1.4

Incluso el más simple de los átomos, el hidrógeno, tiene muchos más niveles de energía permitidos que tres y, en consecuencia, mayor, aunque todavía limitado, número de frecuencias características. Si una muestra de hidrógeno es excitada de alguna manera, por ejemplo, provocando una descarga eléctrica en el gas, emitirá aproximadamente en una docena de frecuencias dentro de la zona visible, junto con cierto número en las regiones ultravioleta e infrarroja. El ojo respondería a la mezcla de frecuencias, o colores, todas emitidas a la vez por el tubo de descarga de hidrógeno, y el cerebro interpretaría esta respuesta pensando que el tubo emitió una luz predominantemente rojiza. Los tubos de descarga que contuvieran otros gases emitirían luz diversamente coloreada; tales tubos son los que se utilizan normalmente en los anuncios luminosos (a menudo llamados luces de «neón», aunque el tubo de neón no sea el único empleado).

El espectrómetro es un instrumento óptico con mayor capacidad de discriminación que el ojo, y muestra cada frecuencia distinta emitida por una bombilla como una línea de color diferente (véase figura 1.5).

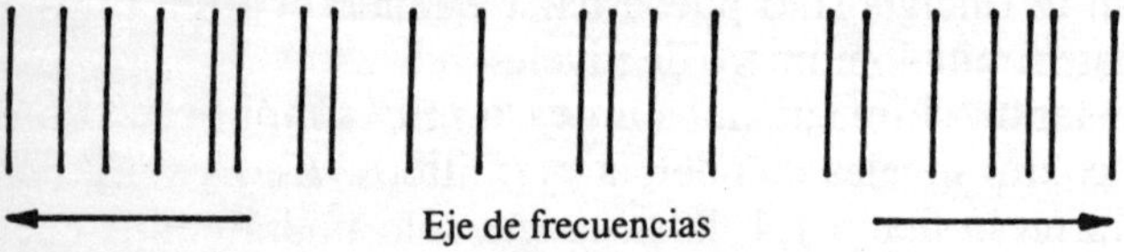

Figura 1.5

Una fotografía de estas líneas se llama espectro, y todo elemento, cuando se excita adecuadamente, emite sus propias y características rayas de espectro. La espectroscopía —el estudio de tales espectros— puede ser utilizada como un medio muy sensible de detección y análisis químico.

Dado que las moléculas son más complejas que los átomos, tienen más niveles de energía, y por tanto más frecuencias en su espectro.

Si dos de los niveles de energía en un sistema se hallan muy juntos, cuando se produce una transición electrónica entre ellos, la cantidad de energía del cuanto emitido es muy pequeña y, como $E = hf$, la frecuencia de la radiación es baja. En lugar de encontrarse en la zona del espectro visible, la radiación puede hallarse en una zona de frecuencias mucho menores que llamamos radiofrecuencias.

Determinados átomos, moléculas o sólidos pueden ser excitados adecuadamente para emitir energía ultravioleta, visible, infrarroja o de radiofrecuencia; veremos aplicaciones de este hecho más adelante. Las radiofrecuencias emitidas en estos procesos son normalmente del orden de algunos miles de megaciclos por segundo y corresponden a longitudes de onda de unos pocos centímetros.

Si $f = 10.000$ Mc/s, entonces $\lambda = 3$ cm, ya que $c = f\lambda$, y $c = 3 \times 10^8$ m/s.

Dado que el término hertzio es el que se utiliza actualmente en lugar de ciclos/segundo, 10.000 Mc/s pueden escribirse como 10.000 MHz, o 10 GHz (1 gigahertzio = 10^9 c/s).

Si necesitamos una radioenergía a frecuencias mucho menores, que correspondan a longitudes de onda de decenas, cientos o incluso miles de metros, es más conveniente producirla en una pieza de metal, denominada antena, en la que se provoca una corriente electrónica oscilante a la frecuencia requerida.

Estos métodos de generar radiación electromagnética, utilizando circuitos en lugar de niveles de energía para fijar la frecuencia, son la columna vertebral de las técnicas de radio y se describirán posteriormente.

De momento, demos por sentado que podemos producir una radiación electromagnética a cualquier frecuencia que deseemos y consideremos qué uso le vamos a dar a cada una de las diferentes partes del espectro.

La porción del espectro electromagnético que recibe el nombre de calor se halla entre la radiación infrarroja por el lado de la onda corta, y las ondas de radio milimétricas por el lado de la larga.

El hombre, los animales y las plantas de los que él depende para alimentarse, sólo pueden desarrollarse en un ambiente comprendido entre límites muy estrechos. Si la temperatura del medio ambiente natural sobrepasa estos límites, el hombre deberá buscar abrigo para evitar que el calor de su cuerpo sea eliminado por vientos fríos, o, en el otro extremo, protegerse de la radiación solar. Cuando el abrigo no es suficiente protección, el ambiente circundante se mejora generando calor, o, en sociedades avanzadas, usando el calor o el fuel para hacer funcionar un refrigerador que reduzca la temperatura en el caso contrario.

El calor es probablemente la primera forma de radiación electromagnética generada artificialmente por el hombre para mejorar su confort y ésta sigue siendo la principal función que desempeña.

La luz ocupa comparativamente una zona estrecha del espectro electromagnético, con una longitud de onda aproximadamente entre 1.000 y 8.000 Å (Å es el símbolo de angstrom, un Å son 10^{-10} m). Es importante en ciertos usos especiales —por ejemplo, en una planta de crecimiento— pero sobre todo nos permite ver.

1.4. Información

Conviene examinar el modo en que vemos las cosas. Si el entorno está iluminado por el Sol o por una bombilla, cualquier luz que entre en el ojo directamente de la fuente luminosa no nos dice nada acerca de lo que nos rodea. Simplemente nos informa de que hay una fuente de luz presente.

La única luz que porta información acerca del entorno, es decir, que nos permite verlo, es la que va de la fuente a los objetos circundantes —como podría ser un jarrón sobre una mesa— y de ellos al ojo. La luz original de la fuente es reflejada, dispersada, absorbida y generalmente modificada por los objetos antes de llegar al ojo. Esta modificación de la luz constituye una especie de código, que el ojo y el cerebro interpretan como un jarrón sobre una mesa. Cuando ocurre una modificación de un haz de energía en esta forma, se dice que ha sido modulado. La absorción selectiva y la reflexión de diferentes longitudes de onda producen distintas modificaciones de la luz original para los objetos diferentemente coloreados.

En el proceso descrito anteriormente, uno de los sentidos recibe energía, y el cerebro es capaz de reconocer y extraer la información contenida en esta corriente energética. Éste es un proceso en una dirección, en el que el cerebro recibe información del mundo externo vía los sentidos.

Supongamos que, en lugar de actuar como receptores de información, queremos actuar como transmisores. Imaginemos que queremos contar a alguien que había un jarrón en la mesa. Si queremos mandar información desde nosotros hacia alguna persona, habremos de transmitir algo. Podemos hablarle y decir que había un jarrón en una mesa. Hablar supone transmitir energía sonora. Podríamos mandar una postal, y aquí otra vez descubrimos el proceso de modulación. Una tarjeta postal en blanco no dice nada, y sólo cuando modificamos la superficie uniforme de la tarjeta con la tinta de una pluma podemos comunicar un mensaje.

Si deseamos transmitir el mensaje del jarrón en la mesa por algún otro método, tenemos primero que establecer una conexión transmitiendo algo desde nosotros hacia la persona con la que queremos comunicarnos. El primer requisito es que lo que elijamos transmitir alcance el otro extremo de forma segura. El segundo es que la energía transmitida sea modulada para mandar la información detallada que queremos comunicar.

1.5. Modulación

Supongamos que queremos mandar un mensaje por medio de un rayo de luz. Establecemos la conexión encendiendo nuestra lámpara y apuntándola en la dirección de la persona con quien deseamos comunicar. Si no hacemos nada más, la única información que recibe es que estamos a la vista y tenemos nuestra lámpara encendida. Ésta es una información simple en extremo, meramente para decir que algo está presente, y, mientras no se añada nada, el sistema será incapaz de manejar mensajes más complejos. Sin embargo, bajo determinadas circunstancias, tan sencilla información puede ser sumamente valiosa, por ejemplo, si la lámpara fuera un faro sobre una roca peligrosa.

Incluso el haz de un faro, con su sencilla tarea de avisar de la presencia de una roca peligrosa, a veces se modula para ofrecer una información adicional. La longitud y frecuencia de los destellos son diferentes para los distintos faros; de este modo el marino no sólo sabe que hay una roca peligrosa en las proximidades sino que, consultando sus cartas, puede saber de cuál se trata.

A esta forma de modular el haz se le añade un paso más en las luces de señales habitualmente usadas para comunicaciones a corta distancia entre barcos en alta mar. Un obturador situado delante del reflector se abre y se cierra alternativamente, de modo que se transmiten destellos cortos y largos. Éstos corresponden a las «rayas» y «puntos» del código Morse estándar, que asigna un conjunto diferente de rayas y puntos a cada letra del alfabeto. Así cualquier información que pueda escribirse en palabras puede transmitirse a una velocidad razonable, siempre que los operadores en los extremos de la línea estén lo bastante experimentados.

Para mandar mensajes a través de distancias mayores de unos 25 km, sin que se vean afectados por el mal tiempo, se requiere algo más que lámparas de señales. El alcance de un rayo de luz en tiempo claro está limitado por el horizonte, pero la energía de radio puede transmitirse más allá. Si se utiliza radioenergía de una longitud de onda grande, seguirá la curvatura de la Tierra. Las ondas cortas pueden ser reflejadas por satélites o por la ionosfera, una franja de partículas cargadas de unos 150 km hacia arriba que devuelve a la Tierra las señales de radio de determinadas frecuencias. Utilizando estos métodos, es posible establecer un radioenlace entre dos puntos cualesquiera del mundo. Queda por ver cómo el flujo de energía entre estos puntos puede modificarse para transportar información.

La energía de radio que llega al receptor puede ser amplificada fácilmente y procesada para encender una bombilla, producir un sonido en un altavoz o hacer una marca en una cinta de papel.

Del mismo modo en que el haz de luz se interrumpe con el obturador, puede interrumpirse el flujo de radio-energía desde el transmisor con un mando que conmute la potencia conectándola y desconectándola.

Los mensajes se transmiten manejando el mando de acuerdo con el código Morse para producir puntos y rayas en el receptor, destellos de luz, zumbidos en el altavoz o marcas en la cinta.

El tipo de modulación que meramente conmuta la energía encendiendo o apagando la fuente es bastante tosco, y la información que se puede manejar no es más que un mensaje escrito transmitido de una forma relativamente lenta.

La transmisión de información mucho más elaborada que ésta es algo familiar en nuestra vida diaria a través de la radio y la televisión. En estos casos, la modulación no es una simple conmutación de todo-nada. Merece la pena considerar someramente una forma más avanzada de modulación, ya que se nos revelarán ciertos principios importantes.

La conmutación de todo-nada ajusta la salida del transmisor de manera que la potencia se radia a dos niveles: plena potencia y potencia nula. En el receptor esto se transforma en sonido en un altavoz o en una marca en un trozo de papel cuando se recibe energía, y nada cuando no se recibe. En un sistema de modulación, más elaborado, típico, un nivel constante de energía en la salida del transmisor no provoca sonido en el altavoz del receptor. Pero si la intensidad de la señal transmitida oscila, el receptor origina la producción de un sonido.

La figura 1.6 muestra cómo la energía que sale del transmisor varía con el tiempo en un sistema de modulación de conmutación de todo-nada, al mandar un punto o una raya del código

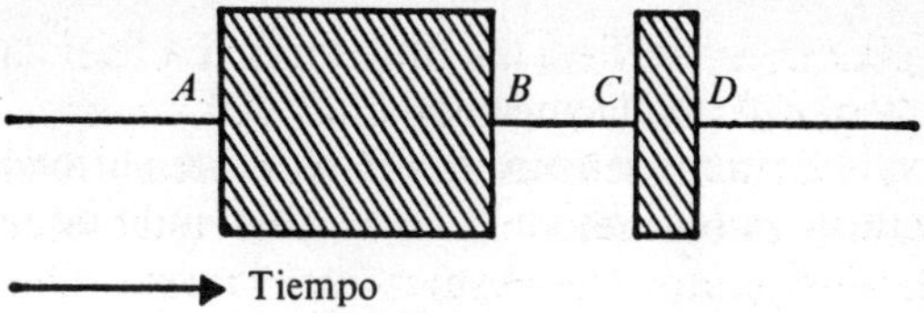

Figura 1.6

Morse. *CD* es un pulso corto de enegía que representa el punto y *AB* un pulso más largo que representa la raya, siendo el nivel de potencia igual en ambos casos. Ésta es la forma en la que la radioenergía abandona el transmisor, viaja a través del espacio y llega al receptor.

La energía de radio es parte del espectro electromagnético, y el punto y la raya mostrados arriba pueden utilizarse nuevamente, no para representar pulsos de energía, sino la variación en el tiempo de la tensión alterna producida por un transmisor en su antena, en el espacio y en la antena receptora.

En la figura 1.7, *AB* es nuevamente la raya y *CD* el punto y el eje horizontal el transcurso del tiempo. La onda *APQR*, etc., refleja el modo en que la tensión alterna producida por el transmisor varía con el tiempo.

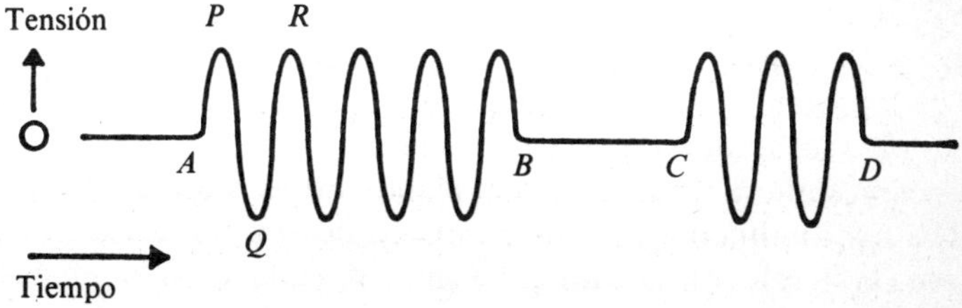

Figura 1.7

Si se dibuja la porción *APQR* de la onda con la escala de tiempo expandida, se puede examinar con más detalle.

La tensión sube suavemente desde cero a *A* hasta un valor máximo en esa dirección, en el tiempo indicado por *P*. A continuación cae suavemente hacia cero y aumenta nuevamente hasta un máximo en la dirección opuesta en *Q*, antes de volver a cero y aumentar una vez más hasta un máximo en *R*. La forma de la curva se llama sinusoide u onda sinusoidal.

El intervalo de tiempo entre *P* y *R* se llama período, *T*, y es el tiempo que tarda la tensión en realizar, partiendo de un valor de-

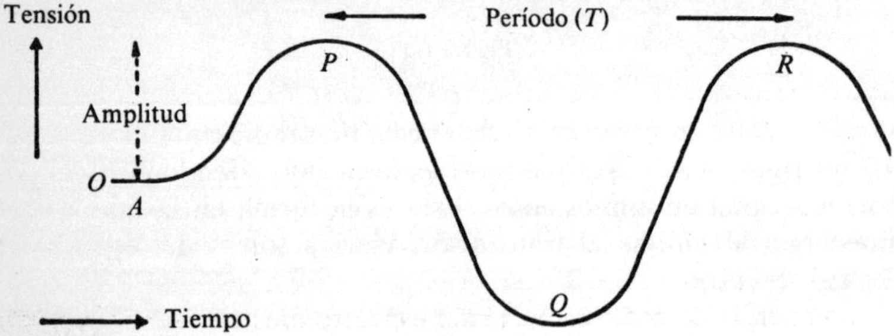

Figura 1.8

terminado, un ciclo completo y regresar al mismo valor. Si el período, *T*, es una millonésima de segundo (1 μs), la frecuencia, *f*, es un millón de hertzios (1 MHz):

$$f = \frac{1}{T}$$

El máximo valor que alcanza la tensión en cada dirección, es decir, el valor en *P* o en *Q*, se denomina amplitud de la señal de radio. En el caso de conmutación todo-nada, la amplitud de la señal es constante siempre que se pulse el conmutador, es decir, tanto para los puntos como para las rayas.

Veamos ahora un sistema más elaborado de modulación que se utiliza habitualmente en la transmisión de voz y música. En este sistema concreto, no sale ningún sonido del altavoz si la señal recibida es de amplitud constante. Si, en cambio, la amplitud varía, el altavoz genera una nota de la misma frecuencia que las oscilaciones de la amplitud de la radioseñal. Tal sistema se llama modulación de amplitud.

Cuando se transmite una señal de radio modulada en amplitud, la tensión puede variar con el tiempo como se ve en la figura 1.9. La tensión de radiofrecuencia se muestra en trazo continuo; el trazo discontinuo no es más que una ayuda constructiva.

Entre *A* y *B*, la señal es de amplitud constante (*AX*) y el recep-

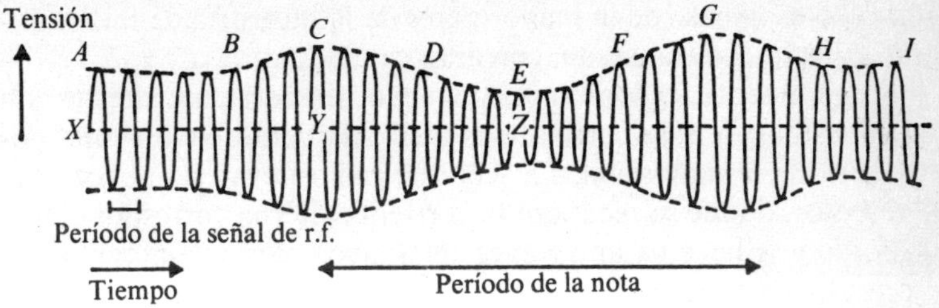

Figura 1.9

tor no producirá sonido alguno en el altavoz. Pero entre *B* y *C* la amplitud de la señal alcanza suavemente el valor *CY*. Luego cae hasta un valor mínimo *EZ* y alcanza otra vez un máximo en *G*.

Durante el intervalo de tiempo *BH*, el receptor hará que el altavoz produzca un sonido, puesto que la amplitud de la radioseñal oscila. Para la figura se ha escogido un caso especial en el que la *oscilación* en amplitud es sinusoidal, es decir, la línea discontinua que toca las crestas de la curva de tensión es una sinusoide. Esta línea de puntos se llama envolvente de la señal modulada en amplitud.

Es función del receptor el procesar la señal modulada de tal modo que se produzca una corriente alterna, de la misma forma que la envolvente, a través del altavoz.

La corriente correspondiente a la modulación de la figura 1.9 se muestra en la figura 1.10. El período de la nota emitida por el altavoz es determinada por el período de la corriente, y el volumen de la nota depende de la amplitud de aquélla.

Éste es el tipo de modulación que se utiliza a menudo en sistemas de radiotelefonía para comunicación de corta distancia, tal como entre una torre de control y los aviones, y para la transmisión en todo el mundo de conversaciones privadas y de negocios.

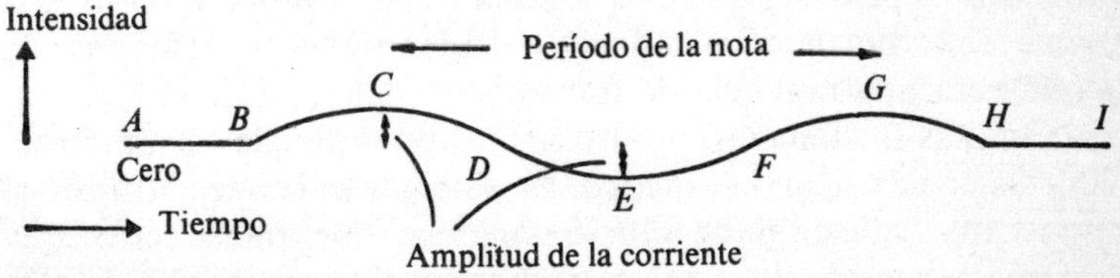

Figura 1.10

También es la base de la mayor parte de la industria de radiodifusión, en la que se transmite, con gran calidad, música y voz.

Someramente, el sonido es convertido en corriente alterna con un micrófono, y esta corriente es utilizada como envolvente moduladora de la radioseñal. La señal de radio lleva esta envolvente al receptor, donde se recupera la corriente alterna correspondiente al sonido y se hace pasar a través del altavoz para recuperar la voz o la música originales.

Esto es solamente un esbozo de la teoría de la modulación de amplitud y más tarde se hará una enumeración de los métodos con los que se realiza la modulación, con alguna mención a otros sistemas de modulación.

Si nos fijamos de nuevo en la transmisión de una nota de audiofrecuencia por medio de la modulación en amplitud de una onda de radiofrecuencia, podemos descubrir algunos puntos importantes acerca de la comunicación que son principios generales para todos los sistemas y no simplemente trucos de los circuitos del interior de las «cajas negras». En concreto, consideremos la transmisión de una nota audible de 1 kHz de frecuencia por la modulación en amplitud de una señal de radio de 1 MHz.

La energía es radiada por una antena transmisora en la que se ha hecho circular una corriente alterna a una frecuencia de 1 MHz. Mientras la amplitud de esta radioseñal permanezca constante, no será emitido ningún sonido por el altavoz del receptor. Cuando se hace oscilar la amplitud de la señal trasmitida, mil veces por segundo, el altavoz emite una nota de 1 kHz.

Una cuestión fundamental es por qué la nota de 1 kHz, después de ser convertida en corriente alterna de 1 kHz en un micrófono, no es sencillamente introducida en la antena y la energía directamente radiada a la antena receptora, donde la corriente de 1 kHz resultante podría ser amplificada y conducida directamente al altavoz. A pesar de que este sistema es técnicamente posible, la energía electromagnética radiada a 1 kHz tiene un valor mucho menor para una potencia de transmisión dada que la energía radiada a altas frecuencias, y tal transmisión «directa» de audiofrecuencias no se usa en la práctica. En su lugar se la hace «transportar» a una radiación de alta frecuencia, que puede cruzar la distancia requerida, la señal de audiofrecuencia en forma de modulación.

Lo que produce sonido en el altavoz es la oscilación de la amplitud de la radiación de radiofrecuencia. Desgraciadamente, hay otras fluctuaciones en la amplitud aparte de las impuestas como modulación deseada al transmisor. Algunas de estas oscilaciones pueden ser debidas a irregularidades en la naturaleza de la trayectoria entre el transmisor y el receptor, particularmente si éste pasa por la ionosfera, la cual presenta a menudo turbulencias. Pero, sea cual sea su causa, esta oscilación indeseada produce ruido en el altavoz que tiende a ahogar la señal. La razón señal-ruido (*S/N*) es una cantidad muy importante en comunicaciones y cualquier cosa que la disminuya, sea reduciendo la señal o aumentando el ruido, disminuye la calidad del sonido recibido. Si la razón señal-ruido se hace suficientemente baja, incluso el mensaje más simple puede ser ininteligible.

Si se transmite una señal sin modular de, digamos, 1 MHz, un instrumento que examine la frecuencia de la señal cuando abandona el transmisor atraviesa el espacio, o cuando alcanza el receptor indicará —de forma no sorprendente— que la frecuencia es de 1 MHz. Pero cuando la señal se module con la nota de 1 kHz, el frecuencímetro indicará que hay tres frecuencias presentes en la radiación: 1 MHz, 1,001 MHz y 0,999 MHz. La modulación, o cambio en la forma de la onda sinusoidal original, conduce a dos frecuencias adicionales iguales a 1 MHz más 1 kHz y 1 MHz menos 1 kHz.

Estas tres ondas se conocen normalmente como onda portadora y bandas laterales superior e inferior. La onda portadora es de la frecuencia original sin modular, y las bandas laterales superior e inferior están por encima y por debajo de esta frecuencia, en una cantidad igual a la frecuencia de la nota de audio que se transmite como modulación de la onda portadora.

Tiene poca utilidad el transmitir una única nota de 1 kHz, pero el mismo principio puede usarse para transmitir una nota pura a cualquier frecuencia en el límite audible y, más concretamente, para transmitir la mezcla de notas puras que forman los sonidos más comunes. El oído puede responder a frecuencias de hasta unos 10 kHz, pero, si ninguna frecuencia mayor de 5 kHz alcanza el oído, la calidad e inteligibilidad de la voz y la música es todavía muy grande.

Muchos sistemas domésticos de radio transmiten música y voz

con buena calidad modulando la portadora con frecuencias únicas y con mezclas de frecuencias individuales hasta un máximo de unos 5 kHz. Esto significa que la máxima frecuencia presente en cada momento es la portadora más 5 kHz, y la mínima, la frecuencia portadora menos 5 kHz. Se dice que el ancho de banda total del sistema es de 10 kHz, es decir, de $f_c - 5$ kHz a $f_c + 5$ kHz, donde f_c es la frecuencia portadora.

1.6. Ancho de banda

El ancho de banda de un sistema es muy importante por diferentes razones. Todas las frecuencias que caigan dentro de la banda deben ser tratadas exactamente del mismo modo por las diferentes partes de una línea: transmisor, receptor y medio entre ellos.

Si, por ejemplo, una frecuencia de la banda se amplifica más que otra en el receptor, el sonido reproducido por el altavoz no será una copia fiel del transmitido. Se dice que ha habido distorsión.

Si la señal se transmite por el espacio, no hay mucho problema con la distorsión, pero ésta aumenta si las señales se envían por cables. Es importante, sin embargo, que no exista otra señal cuya frecuencia caiga dentro de la banda en las inmediaciones de la antena. Si existe tal señal, será tratada exactamente como si viniera del transmisor y producirá una interferencia o ruido, tendente a obscurecer la señal deseada.

Todos los elementos de un sistema (transmisor, receptor y cable si lo hubiese) deben tener por lo menos el ancho de banda requerido. Cualquier parte del equipo con un ancho de banda menor limitará el de todo el sistema al suyo propio.

En forma general, es más difícil, y por tanto más caro, hacer un equipo de banda ancha que uno de banda estrecha. Por ello no es sorprendente descubrir que a medida que la información a manejar se hace más complicada, el ancho de banda necesario va siendo mayor y mayor. El coste del equipo crece igualmente.

Éste es quizá el punto más importante referente al ancho de banda —que determina la capacidad de manejo de información del sistema.

De lo anterior se ve que un sistema de código Morse necesitará solamente un ancho de banda de unos pocos cientos de hertzios. Un sistema para voz, aunque de bastante mala calidad, podría utilizar cerca de 1 kHz, mientras que uno de alta calidad para música y voz, digamos, unos 9 kHz. Un sistema de televisión, sin embargo, requeriría un ancho de banda de varios MHz, y éste debería aumentarse todavía más —en principio multiplicando por tres— si se quiere obtener imágenes en color.

Los puntos y rayas o la voz de baja calidad pueden manejarse con un sistema bastante simple o de ancho de banda relativamente estrecho, mientras que la televisión necesita un equipo de banda ancha mucho más sofisticado.

Existe, sin embargo, la posibilidad de transmitir imágenes por una línea de baja calidad, supuesto que se haga muy despacio. De aquí que las fotografías de los periódicos puedan a menudo transmitirse por una línea telegráfica de banda estrecha, aunque transmitirlas llevará varios minutos. La televisión requiere la transmisión de muchas imágenes por segundo y por ello siempre tiene un sistema de banda ancha.

El ancho de banda en cualquier sistema está determinado por la complejidad, o información contenida, de la señal y la velocidad con que va a ser transmitida. Recíprocamente, un sistema con un ancho de banda determinado puede manejar información sencilla a alta velocidad, o información compleja más lentamente.

Si el lector piensa en sí mismo como un receptor, y en un libro o un profesor como un emisor, verá que la transmisión de información en este sistema personal está gobernada por leyes similares a las del contenido de información y velocidad de la transmisión de señales. Las materias difíciles sólo se pueden manejar despacio, pero las afirmaciones sencillas pueden aceptarse a bastante buen ritmo.

1.7. Manejo de la información

Hemos visto que es necesario algún tipo de modulación si se quiere transmitir o recibir información. La existencia de tantos tipos de procesos de modulación —naturales e inventados por el hombre— muestra que la recogida e intercambio de información es una parte importante de la actividad humana. Merece la pena considerar por qué estamos tan ansiosos de recoger información.

Obtenemos la mayor parte de la información del mundo que nos rodea usando nuestros ojos y oídos, y —en menor medida que algunos animales— nuestro olfato. Menos obviamente, recibimos información de la temperatura en todas las partes de nuestro cuerpo, y acerca del movimiento, especialmente el que afecta a nuestro equilibrio, a través de todo tipo de sensores, desde la planta de nuestros pies, hasta el líquido del oído interno.

Antes de nada, necesitamos esta información para nuestra supervivencia, seguridad, bienestar y confort. Según una sociedad se va haciendo más civilizada, la necesidad de información acerca de lo que nos rodea se hace menos vital en términos de supervivencia, pero en tiempo de guerra, cuando el hombre vuelve otra vez a ser cazador, y cazado, la necesidad se agudiza de nuevo. En los tiempos modernos se usan todo tipo de aparatos, principalmente electrónicos, como el radar, como extensión de los sentidos naturales y ayuda en el acopio de información militar.

Las sociedades más desarrolladas —en tiempo de paz— pueden concentrarse en el bienestar y el confort en vez de en la supervivencia. En concreto, la diversión y el entretenimiento pasan así a ser necesidades en una comunidad sofisticada, y esto conlleva el establecimiento de una comunicación entre el actor y el público.

Se transmite información de uno a otro. Esto es, «información» o «conocimientos», en el sentido científico más que en el sentido cotidiano del término, ya que la «información» puede ser un chiste, una canción, un juego de manos o el movimiento en un campo de fútbol.

La demanda de transmisión de «información» de entretenimiento ha sido la responsable de los gigantescos avances en las técnicas electrónicas durante los últimos cincuenta años. Primero fue la radio y después la televisión. Durante este período el equipo utilizado —el *hardware*— se ha hecho más sencillo en su manejo, más fiable, menos voluminoso y mucho más versátil. Hace cincuenta años parecía milagroso oír algo inteligible en los auriculares de aquellos temperamentales receptores. Actualmente esperamos oír con gran calidad de sonido el chasquido de un interruptor, acompañado por una escena en movimiento, preferiblemente en color.

Gran parte de este avance es debido a la invención y mejora de las válvulas, transistores y otros componentes de circuitos. Pero, al mismo tiempo, se ha descubierto mucho acerca de los procesos fundamentales existentes en cualquier problema de comunicación. Esto se discute en el capítulo 10, donde se verá que algunos de estos principios pueden aplicarse fuera del campo de las telecomunicaciones, y nos pueden decir algo acerca de las mentes humanas y la forma en que interactúan.

Supongamos que dejamos de pensar en la *transmisión* de información y comenzamos a considerar el *uso* que hacemos de la información que nos llega.

El tipo de información que obtenemos de la radio o la televisión a menudo afecta a varios sentidos y tiene un impacto emocional inmediato. La información que recibimos al tocar una plancha caliente o al oír el timbre de la puerta produce una respuesta inmediata que es casi una acción refleja.

Pero hay cierta información —por ejemplo, el parte meteorológico o un horario de trenes— que recibimos y retenemos por algún tiempo mientras la examinamos. Este «examen» puede suponer comparación con otra información guardada en la memoria y un ejercicio de deducción lógica. Finalmente, tomamos una decisión basada en la información recibida y del resultado del proceso mental que se ha seguido.

Vamos a considerar ahora la información para propósitos comprendidos entre la supervivencia y el entretenimiento. Esta región media cubre la mayoría de los problemas que necesitamos solucionar en nuestro trabajo cotidiano.

Una persona que viaja a diario quiere saber a qué hora sale el tren de la estación local. El responsable de una cadena de supermercados quiere conocer qué cantidad de bacon se vendió ayer en sus tiendas para poder organizar los suministros necesarios para reaprovisionar sus almacenes. Un granjero puede querer conocer el parte meteorológico, quizá para decidir si tomar o no precauciones contra una helada, o probablemente sólo para planear su día de trabajo de una forma más general.

En cada caso, la información se encuentra disponible para cada persona de alguna manera de modo que pueda tomar una decisión sobre la acción que realizará en el futuro.

Típicamente en estos problemas comenzamos con un nuevo aspecto de la información que nos ha transmitido otra persona.

En un caso simple, nosotros procesamos esta información en nuestra cabeza y decidimos sobre algún tipo de acción.

Muy frecuentemente descubrimos que el problema con el que tenemos que enfrentarnos es tan complicado que, cuando tratamos de resolverlo en nuestra cabeza, perdemos el hilo y obtenemos una respuesta equivocada. Si decidimos tomar lápiz y papel, observamos que los problemas llevan mucho tiempo. Si usamos una calculadora, la parte aritmética se hace rápidamente, pero todavía existen complicaciones porque damos un paso lógico equivocado durante el problema o recordamos una parte de la información incorrectamente, o no podemos recordar algún hecho importante o algún método aritmético.

El tipo de problema que requiere que se procese rápidamente una gran cantidad de datos en un conjunto de complicadas operaciones lógicas sobrepasa ciertamente la habilidad, velocidad y exactitud humanas. Éste es el tipo de problema que surge constantemente en los negocios e industria modernos.

Por esta razón, está teniendo lugar una nueva revolución industrial, basada en el computador, quizá tan importante como la vieja revolución industrial que estaba basada en las máquinas accionadas mecánicamente.

1.8. Cálculo

En esencia, un computador electrónico hace todas las cosas simples que puede hacer el cerebro humano, pero su gran potencia reside en su velocidad y exactitud. No podrá llevar a cabo ningún proceso que el cerebro sea incapaz de efectuar, pero resolverá problemas que suponen manejar simultáneamente cientos de procesos que el cerebro realiza uno por uno. Lo que es más, no olvida nada que se le ordena recordar, sea un hecho o la forma de realizar una suma específica.

Es útil recordar cómo resolvemos los problemas nosotros mismos, porque las facultades que tenemos en nuestra cabeza serán duplicadas por el computador.

Supongamos que vas a organizar una comida para los equipos que juegan dos partidos de fútbol en la escuela local. Tendrás muchos problemas, pero el primero será aritmético.

Si hay dos partidos de fútbol habrá cuatro equipos, y cada uno tendrá once jugadores, un reserva y un entrenador. Se necesitará comida para cuatro veces trece personas, un total de cincuenta y dos.

Éstos son algunos de los recursos que has empleado en este sencillísimo comienzo de tu problema.

Has accedido a un vasto conjunto de datos en tu cerebro y, en particular, has explorado y encontrado rápidamente la sección del almacén que contiene información acerca de los juegos, y de ella has extraído las cifras que necesitas manejar en un partido de fútbol.

La información que has extraído lo ha sido en forma numérica, y el resto de este sencillo problema es aritmético.

Necesitas multiplicar 13 por 4; el proceso es algo como esto: 4 por 3 es 12; escribes 2 y te llevas 1. 4 por 1 es 4, más 1 que te llevabas, 5, escribes 5. Respuesta: 52.

Antes de poder intentar esta o cualquier otra suma, debe existir un sistema numérico adaptado al cerebro. En nuestro caso tenemos el sistema decimal, basado en el número diez. Estamos tan acostumbrados a él que tendemos a olvidar la posibilidad de que podamos usar otra base que no sea diez. En los tiempos antiguos, se utilizaban comúnmente otros sistemas. El sistema británico actual de pulgadas, pies y yardas usa la base doce y la tres, y muchos computadores trabajan en base dos (sistema binario).

Además del almacén de datos mencionado más arriba, debe existir un almacén de números que contenga todas las tablas —en concreto, *cuatro* por *tres*—. Tiene que haber también algún tipo de facultad lógica que pueda comprobar si este producto es menor que *diez;* si es mayor que *diez* sólo se escribe el último dígito, el siguiente dígito se retiene y se añade al resultado de la siguiente operación —es decir, en nuestra suma el dígito *uno* de la cifra *doce* se lleva a la columna siguiente—. Por último, debe haber algún medio de escribir la respuesta y —aunque no es tan obvio para el cerebro, es muy importante en un computador— algún medio de dar una instrucción para comenzar el problema.

Todos estos recursos se deben duplicar en el computador. El capítulo 10, donde el computador se trata más extensamente, menciona las memorias, los elementos lógicos y el equipo periférico para dar instrucciones e imprimir las respuestas recibidas.

La idea del cálculo electrónico se introdujo en este capítulo cuando consideramos el uso que se daba a la información. En algún lugar entre las necesidades de supervivencia y los placeres del entretenimiento se encuentran los requisitos del mundo del trabajo, la industria y el comercio, donde la información es usada, almacenada y usada de nuevo para resolver los problemas sobre los que se elaboran las decisiones acerca de cómo funcionar en las oficinas, fábricas, industrias y en el Gobierno.

En general, todos los computadores electrónicos almacenan datos y, cuando se les enseña, los procesan para dar respuestas a los problemas. Aunque todos sean similares en principio, algunos computadores se concentran más en el almacenamiento de datos y otros en el cálculo y viceversa. Por ello, un computador diseñado para pago de salarios diferirá en el énfasis dado a alguna de sus partes de uno destinado a la investigación matemática.

Aparte de las máquinas para investigación pura, la mayoría de los computadores son usados en última instancia para decir a la gente qué hacer. Puede ser para decirle al departamento de caja cuánto pagar a cada empleado; para decir a los trabajadores de una planta de proceso químico continuo qué ajustes hacer para mantener la calidad y cantidad de la salida; para decir al director gerente qué cambios de política son más adecuados para producir un efecto dado; para decir a un conjunto de máquinas-herramienta qué operaciones efectuar para mecanizar determinada pieza, etcétera.

Si un computador da una cadena de instrucciones detalladas al operador de una máquina, el hombre sólo es necesario para realizar los ajustes, exactamente como han sido ordenados por el computador.

Éste es el empleo más insatisfactorio que se le puede dar al hombre. Sus aspectos positivos, como habilidad, inteligencia o iniciativa, no son empleados, mientras que los negativos, como la incapacidad de concentrarse indefinidamente en tareas rutinarias, pueden echar a perder el trabajo. Hay mucho que ganar al conectar un ordenador directamente a una máquina —o, preferiblemente, a muchas máquinas—, de modo que no se necesite un operador humano para hacer ajustes. Cuando se hace esto, tenemos lo que se conoce como «automación».

Gracias a la disponibilidad de microcomputadores baratos (capítulo 13), el control de las máquinas por los ordenadores está comenzando en la industria, a pesar de haberse especulado durante años sobre el efecto que esto podría tener en la sociedad.

El interés del público en los descubrimientos científicos es tan grande que la prensa y la televisión a un tiempo realizan divulgación de grandes cantidades de proyectos de investigación prometedores. Inevitablemente, tales artículos y programas contienen conjeturas acerca de la aplicación futura de cada nuevo invento. Hay a menudo una tendencia del público a tener la impresión de que es inminente una revolución científica menor, cuando, de hecho, sólo se acaba de dar un paso en el largo y difícil trabajo de desarrollo que convierte un prometedor modelo de laboratorio en una máquina fabricada robusta y rentablemente.

La construcción real de fábricas totalmente automatizadas en los últimos veinte años, difícilmente justifica la enorme cantidad de especulación que ha tenido lugar acerca de los efectos sociales y económicos que podrían producirse con la proliferación de este tipo de fábricas, incluso se ha dicho tanto acerca de la «automación», que se ha vuelto una palabra cotidiana y frecuentemente es mal aplicada a cosas como un abrelatas eléctrico, en el que la fuerza muscular ha sido sencillamente sustituida por la potencia mecánica.

Es fácil aceptar que el control de una máquina por un ordenador es un proceso técnicamente complicado que probablemente hace uso de una considerable cantidad de equipo electrónico, parte del cual está basado en principios científicos recientes. Quizá no sea tan obvio que el control de una máquina por un operador humano puede también ser un proceso complejo, y que puede ser necesario un equipo electrónico sofisticado para que el control manual se lleve a cabo de forma satisfactoria.

El estudio del control de maquinaria o de procesos —normalmente por operadores humanos— se ha venido desarrollando durante medio siglo largo. De esta teoría de control, o de servomecanismos, han salido muchas técnicas electrónicas especiales extensamente utilizadas industrialmente, y determinados conceptos nuevos —como el de realimentación— que han sido recogidos por la ingeniería y que actualmente se aplican a los sistemas económicos y sociales.

1.9. Control

Consideremos alguno de los principios que gobiernan el control por operador humano de la posición de una pieza de maquinaria que sea tan grande que se necesite un motor para manejarla. El operador podrá encender el motor cuando quiera que la máquina se mueva, y consecuentemente controlará la potencia liberada por el motor para que la máquina de arrastre, por ejemplo una grúa, se mueva de la forma requerida.

Será ilustrativo considerar un sistema muy simple: el operador mueve un puntero y la máquina ha de moverse exactamente a la posición señalada. El operador hace uso de una cantidad pequeña de potencia para mover el puntero, y se controla la potencia, mucho mayor, que entrega el motor para que la máquina arrastrada siga el movimiento del puntero.

En este sistema, la posición del puntero puede considerarse como la entrada y la de la máquina como salida.

Una forma de reproducir este sistema podría ser el que el operador encendiera el motor para comenzar a mover la máquina y lo apagara cuando la máquina alcanzase la nueva posición buscada.

Si el motor sólo gira a una velocidad, el operador sólo puede encenderlo cuando quiere mover la máquina y apagarlo cuando alcanza la nueva posición. Un motor de dos velocidades daría al operador la posibilidad de mover primero la máquina rápidamente hasta que esté «casi allí» y después pasar a la velocidad baja para hacer la aproximación final. Un motor de velocidad completamente variable permitiría, correspondientemente, un mejor control.

Pero aunque exista flexibilidad en los métodos para mover la máquina, el sistema subyace inherentemente en el juicio del operador para decidir cuándo ha alcanzado la máquina la posición buscada.

La posición deseada de la máquina en cada momento es la entrada del sistema, y la posición real, la salida. El operador compara entrada y salida y mueve su máquina hasta que coinciden.

La diferencia entre la entrada y la salida en un sistema de control se llama error, y es función del operador hacer que su motor mueva la máquina hasta que el error sea cero.

Si tiene un motor de velocidad variable, probablemente podrá ajustar de forma continua la velocidad a medida que el error disminuye. Este sistema podría ser automático si pudiera ser ideado un método para medir el error utilizándolo para controlar directamente el motor, sin la intervención de un operador.

Cuando se requiere un operador para observar el error y controlar el motor que arrastra la maquinaria, se dice que es un sistema en bucle abierto. Si el error se mide y se utiliza directamente para controlar el motor, se dice que es un sistema de bucle cerrado.

Los principios de los sistemas en bucle cerrado son tremendamente importantes en los procesos industriales y además extensibles a la biología, la economía y la sociología.

Los elementos de un sistema eléctrico de control se muestran en la figura 1.11. El operador al mover algún tipo de puntero espera que la carga vaya a la posición indicada.

El puntero estará conectado a una unidad eléctrica simple como un potenciómetro de modo que en sus terminales exista una tensión dependiente de la posición del puntero. Esto se usa como la entrada del sistema de control.

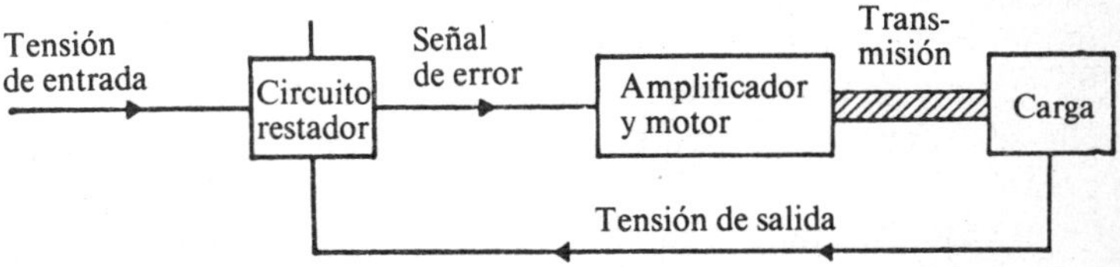

Figura 1.11

Un potenciómetro similar se conecta a la carga para que exista una tensión dependiente de su posición. Ésta se utiliza como la salida del sistema.

Estas dos tensiones se introducen en un circuito restador, que resta una de la otra produciendo la señal de error. La señal de error se amplifica a continuación y se aplica al motor, que arrastra la carga.

Mientras la posición de la carga difiera de la del puntero, habrá una señal de error suministrada al amplificador, y el motor moverá la carga hasta reducir el error a cero.

Examinemos ahora cómo se desplaza la carga cuando el operador mueve el puntero a nueva posición.

La entrada al sistema, dibujada en la figura 1.12, es una función escalón, es decir, se supone que en el instante t_0 el operador mueve repentinamente su puntero de la posición *A* a la *B*.

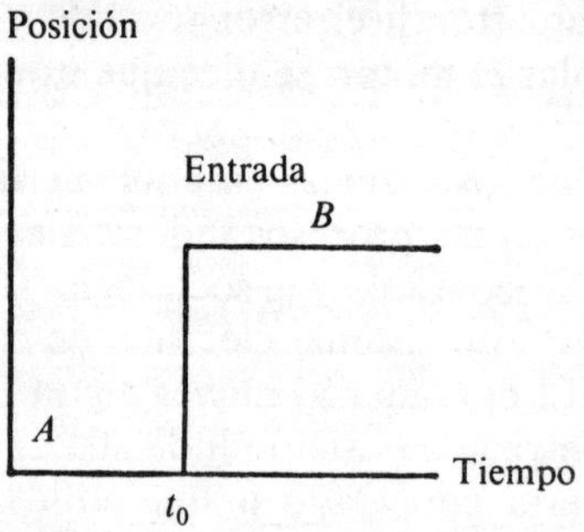

Figura 1.12

La carga accionada por el motor tratará también de moverse rápidamente de la posición *A* correspondiente a la *B*. Pero, a causa de su inercia y de las fuerzas de rozamiento que aumentan cuando aquélla se mueve, el sistema se comportará típicamente como en la figura 1.13.

En el caso mostrado, cuando hay un escalón en la entrada, la carga invierte un tiempo significativo para ocupar la nueva posi-

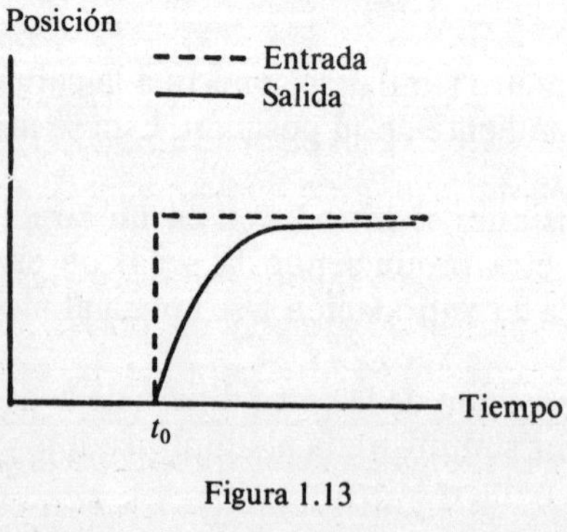

Figura 1.13

ción. Hacia el final del movimiento se aproxima a la nueva posición bastante lentamente.

La figura 1.14 muestra la respuesta de un sistema con fuerzas de rozamiento grandes y otro con fuerzas pequeñas. Cuanto mayor sea la fricción, mayor retardo habrá hasta que la carga llegue cerca de su nueva posición.

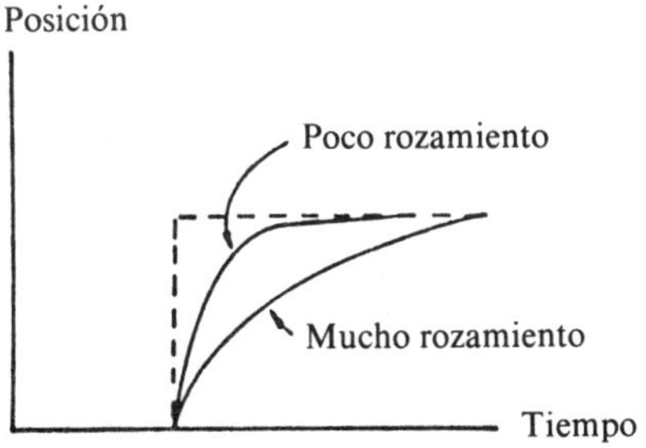

Figura 1.14

Para reducir las pérdidas de potencia y los calentamientos indeseados, los sistemas se diseñan para tener el menor rozamiento posible. Así que, si la respuesta a una entrada en escalón es demasiado lenta, hay pocas posibilidades de reducir la fricción para acelerarla. Más tarde veremos que se puede mejorar la respuesta de un sistema de otra forma más sutil.

Aunque muchos sistemas de control tenderán a responder a una función de entrada escalón de la forma descrita, otros pueden tener una respuesta oscilatoria.

En la figura 1.15 se muestra la respuesta a un escalón en dos casos. En los dos la carga llega hasta la posición deseada y la sobrepasa. Entonces la señal de error cambia y el motor arrastra la carga en sentido contrario, pero nuevamente se sobrepasa la posición buscada.

En (*a*) el exceso se hace menor cada vez: llegará un momento en que la oscilación deje de existir y se consiga la posición buscada. En (*b*) las oscilaciones alrededor de la posición requerida crecen en amplitud y, a menos que haya un dispositivo de seguridad limitador, este sistema inestable producirá algún daño.

Si se introduce un amortiguador de fricción en el sistema, po-

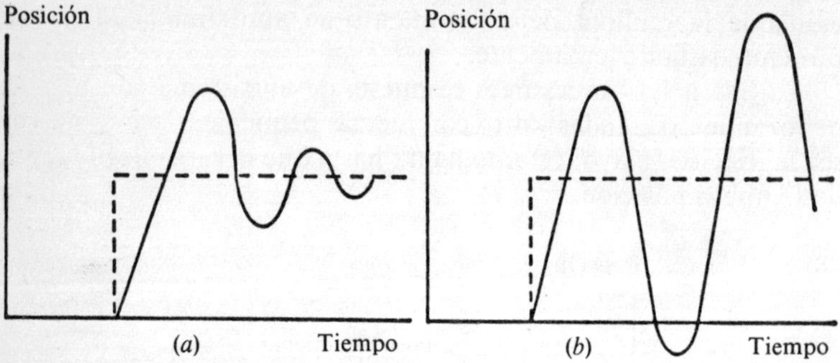

Figura 1.15

drá eliminarse la respuesta oscilatoria. Pero la introducción de un rozamiento extra podría conducir a pérdidas ineconómicas de potencia y posibles sobrecalentamientos. Hay otro método de corregir un sistema de respuesta oscilatorio que conlleva una modificación de la realimentación.

En el sencillo sistema descrito hasta aquí, una señal eléctrica proporcional a la salida se introduce en la entrada y se usa para obtener la señal de error que se amplifica para accionar el motor. Una vez que la carga está en movimiento, aparecen fuerzas de rozamiento proporcionales a la velocidad y opuestas al movimiento producido por el motor. Estas fuerzas de rozamiento, o amortiguamiento, tienen un efecto considerable sobre la respuesta del sistema. En algunos casos se puede mejorar la respuesta disminuyendo el rozamiento (figura 1.14) y en otros aumentándolo (figura 1.15).

Por las razones apuntadas antes, no es normalmente posible realizar un cambio significativo en la fuerza de rozamiento real que se opone a la fuerza de arrastre del motor. En lugar de ello, se añade un término adicional a la realimentación, y por ello a la señal aplicada al motor. Este término se hace proporcional a la velocidad de salida, como lo es la fricción real.

Si se requiere menor amortiguamiento en el sistema, el signo del término de realimentación de velocidad se acomoda de forma que la señal que se aplica al motor, y por tanto el arrastre, aumente. Si se requiere un mayor amortiguamiento, se dispone de modo que el término de realimentación de velocidad se reste a la señal aplicada al motor. La fuerza de arrastre efectiva entonces cae, igual que habría hecho si se hubieran aumentado las fuerzas de rozamiento reales.

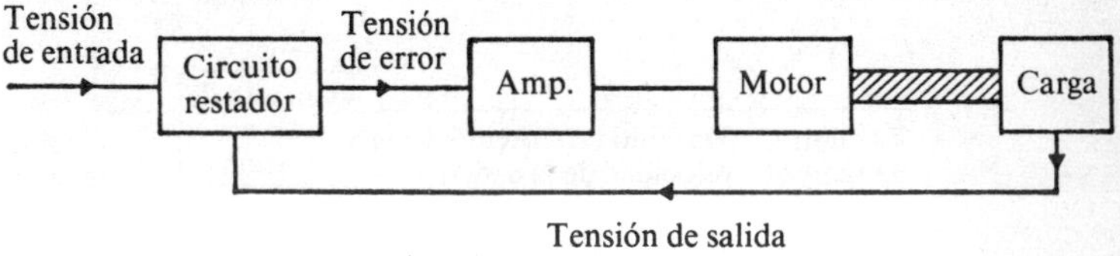

Figura 1.16

En el sistema dibujado más arriba (figura 1.16) el bucle de realimentación es sencillo. Un dispositivo conectado a la carga suministra una tensión dependiente de la posición de aquélla (los dispositivos que convierten cantidades como posición, presión o velocidad en señales eléctricas se llaman transductores). Esta tensión, proporcional a la salida del sistema, se lleva directamente a la entrada y se resta de la tensión de entrada, que está gobernada por la posición deseada.

La señal aplicada al amplificador, y por tanto la señal que alimenta al motor (tensión aplicada), es simplemente la señal de error:

$$\text{Tensión aplicada} = \text{Entrada} - \text{Salida} = \text{Error}$$

$$Ta = E - S = Er$$

Este sencillo sistema puede tener defectos de respuesta como los de la figura 1.14 o la figura 1.15 cuando se le aplica un escalón a la entrada. Estos defectos se podrían reducir si la fuerza de rozamiento, que se opone al movimiento y es proporcional a la velocidad de la carga, pudiera modificarse.

La tensión aplicada se aumenta o disminuye artificialmente, según convenga, mediante un término proporcional a la velocidad de la carga. Si se añade un término proporcional a la tasa de variación de la salida, producirá el mismo efecto en la respuesta que un cambio en el rozamiento real del sistema.

En la figura 1.17 el sencillo sistema ha sido modificado por la adición de un nuevo término proporcional a la velocidad de la

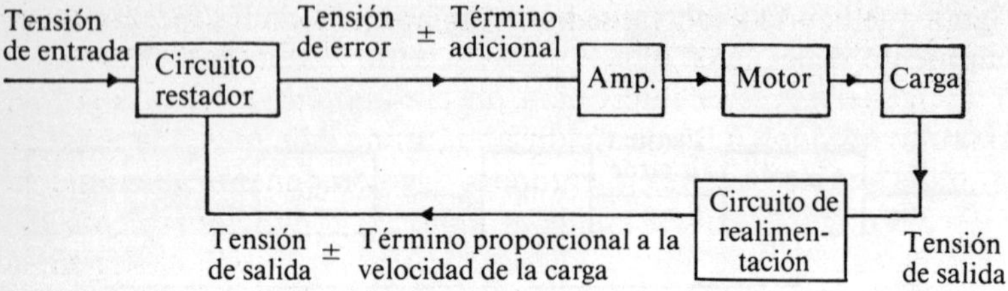

Figura 1.17

carga de modo que el rozamiento efectivo del sistema se cambia hasta el valor deseado.

Esto se consigue mediante un cambio en el bucle de realimentación, de modo que exista un término proporcional a la tasa de variación de la salida, es decir, a la velocidad de la carga.

La ecuación apropiada es:

Tensión aplicada = (Entrada – Salida) ±
± Tasa de variación de la salida

$$Ta = (E - S) \pm \frac{d}{dt} S.$$

(Se han omitido las constantes de proporcionalidad; $\frac{d}{dt}$ es la abreviación matemática de «tasa de variación de».)

Se dice ahora que el sistema tiene realimentación de velocidad; esto se consigue habitualmente intercalando un circuito eléctrico en el camino de realimentación. Este circuito de realimentación recibe la tensión de salida y suministra una señal proporcional a ella más la tasa de variación de dicha señal.

La función del circuito de realimentación es dar forma a la realimentación con la tensión de salida antes de aplicarla al circuito restador, de forma que se obtenga la respuesta esperada del sistema.

Hay otros tipos de respuestas indeseadas y errores que pueden aparecer en un sistema de control, especialmente si se usan tensiones de entrada diferentes de la función escalón. Pero el proceso de corregir la respuesta conlleva normalmente la inserción en el bucle de realimentación de un circuito que modifique la señal simple de realimentación, de modo que se obtenga la respuesta deseada.

Algunas veces se intercalará un circuito entre la entrada y el circuito restador, a fin de añadir un término adicional a la señal de entrada simple. Aparecerá entonces una componente adicional en la señal de error que se aplica al motor, y el funcionamiento del sistema cambiará de forma correspondiente. La modificación de la entrada en esta forma se llama a veces prealimentación.

En la mayoría de los sistemas de ingeniería, el sencillo bucle cerrado de la figura 1.16 se modifica mediante la introducción de circuitos adicionales en la realimentación o la entrada para hacer una respuesta «a la medida» de algún modelo buscado. En sistemas elaborados existirán a menudo, además del bucle principal de realimentación entre la salida y la entrada, sub-bucles que aporten una realimentación entre puntos intermedios.

En la presente sección de servomecanismos, se han discutido algunas de las dificultades que aparecen al asegurarse de que los movimientos hechos por un operador son exactamente reproducidos por la maquinaria que está controlando. Es en cierto modo irónico que estos problemas se presenten —y que las soluciones hayan sido desarrolladas hace tiempo— en los sistemas biológicos naturales.

Queda todavía mucho por descubrir acerca de los mecanismos básicos de generación y distribución de electricidad en un organismo vivo. No obstante, la medicina moderna utiliza muchas ideas y técnicas empíricamente establecidas. Éstas pueden conllevar conectar electricidad al cuerpo, u observar la electricidad naturalmente presente en el cuerpo.

La restauración del latir normal del corazón cuando se ha parado o ha sufrido palpitaciones (fibrilación), la estimulación de los músculos primarios en electrofisoterapia, la diagnosis asistida por electrocardiografía, y encefalografía, la cual examina los potenciales eléctricos del cerebro, son todas técnicas comunes que utilizan aparatos eléctricos a menudo de gran complejidad.

Muchas investigaciones se encuentran dirigidas actualmente hacia el descubrimiento de los procesos de control en los sistemas biológicos, especialmente en el sistema humano. Hay un sistema del control de la postura con sensores de posición, elementos motores, algo de proceso de datos y posiblemente cierta cantidad de ajustes de los parámetros del sistema por los centros superiores del cerebro. Existe un sistema independiente de control voluntario del movimiento utilizado para desempeñar las diferentes tareas que requieren habilidad y concentración. En este sistema hay algún elemento de control adaptativo y aprendizaje.

Control adaptativo significa que el sistema modifica ligeramente sus parámetros, por ejemplo las constantes de proporcionalidad en la realimentación, durante la realización de la tarea, de modo que su comportamiento se adapte mejor a ese trabajo particular.

Existen ventajas obvias en usar estos principios adaptativos en los sistemas de ingeniería, y la investigación biomecánica pretende descubrir y adaptar procesos naturales para uso industrial. Inversamente, la tecnología puede contribuir a la comprensión de los procesos del cuerpo humano, y los experimentos con máquinas rudimentarias que «piensan» o «aprenden» están ayudando a clarificar las teorías acerca del funcionamiento del cerebro.

1.10. Conclusión

Este capítulo ha revisado la gran cantidad de formas en que la electrónica interviene en la vida diaria por medio de la tecnología y de la mecánica de los procesos naturales.

Tanto en los sistemas tecnológicos como en los naturales, la desalentadora complejidad inicial de cualquier parte del equipo o proceso electrónico puede ser superada observando que hay dos cosas necesarias para su entendimiento. En primer lugar, está el hecho de que la función primaria puede describirse en lenguaje ordinario, sin utilizar jerga, matemáticas o diagramas eléctricos. En segundo lugar, está el hecho de que el más complejo de los sistemas está formado por una multiplicidad de unidades simples (como una maqueta de palillos de la catedral de Colonia).

El propósito de los capítulos siguientes es describir las más importantes de estas unidades e indicar cómo pueden cambiarse para formar sistemas complejos.

2 Fuentes de electrones útiles

Todo material contiene electrones, pero éstos no están necesariamente disponibles para ser utilizados en sistemas y dispositivos electrónicos. En este sentido, los «electrones útiles» son aquellos que se pueden mover por el material. Haciendo esto producen los diferentes efectos que buscamos, tales como el calor y la luz, o el magnetismo utilizado para mover los motores y los relés. Pero además de moverse por los materiales del circuito, los electrones útiles deben ser sumisos para poder controlarlos por medio de un agente externo, de modo que el efecto que producen pueda ser activado y desactivado, o bien ajustado, en la forma deseada.

Los materiales por los que los electrones pueden circular son los conductores y los semiconductores. Serán descritos en este capítulo.

Habrá entonces una cierta emisión de electrones de un sólido en el vacío, que será el principio de la válvula termoiónica. Los electrones emitidos por un electrodo (cátodo) son atraídos por el potencial positivo del otro electrodo (ánodo). La corriente entre ellos puede controlarse mediante el potencial aplicado a un tercer electrodo (rejilla) que obstruye en parte el paso de electrones a través del vacío del cátodo al ánodo. Ésta es la forma de funcionamiento de la válvula, la conocida «ampolla de cristal» de los aparatos de radio y televisión. En los dos capítulos siguientes se describen las válvulas más importantes, junto con los componentes de estado sólido como los transistores, en los que la corriente eléctrica se controla de modo similar, pero en los que los electrones no son emitidos por la parte de material sólido del circuito.

2.1. Conductores y aislantes

Ya hemos visto (página 16) que en un único átomo aislado los electrones y el núcleo se mantienen juntos por fuerzas eléctricas, que pueden resultar bastante complejas si hay un gran número de electrones en el átomo. Los átomos que constituyen una molécula se mantienen unidos de forma similar; así, hay también muchos átomos en un cristal sólido, que en muchos aspectos se comporta como una molécula extremadamente grande.

Las fuerzas de cohesión, que enlazan a los diferentes átomos de una red cristalina regular, característica del estado sólido, son debidas a complejas interacciones entre los electrones y los núcleos. Algunos electrones pueden jugar un papel más importante en el proceso que otros, del mismo modo que en el átomo algunos están más estrechamente unidos al núcleo que otros.

En algunos sólidos, determinados electrones juegan un papel tan ínfimo en el proceso de enlace que pueden encontrarse en cualquier parte del material y tener cualquier energía dentro de un amplio margen, sin perturbar en ninguna forma la estructura física del cristal.

En otras sustancias, todos los electrones son vitales en la estructura del cristal, y ni su posición en el sólido ni la energía que poseen puede alterarse.

Los sólidos en los que algunos de los electrones pueden aceptar energía adicional y moverse a cualquier parte del material son conductores eléctricos. Los ejemplos más comunes son los metales. Las sustancias que no contienen estos electrones «libres» son los aislantes.

Cuando se conecta una batería a un trozo de metal, el campo eléctrico así aplicado al sólido hace que los electrones de la batería se introduzcan en el material por el terminal negativo para sustituir a aquellos que entran en la batería por el lado positivo.

Los electrones circulan por el conductor, obteniendo la energía adicional necesaria de la batería o de cualquier otra fuente de campo eléctrico. La energía adicional que recibe un electrón de la batería es relativamente pequeña, y su velocidad media es típicamente de cerca de un centímetro por segundo.

Cuando se cierra el interruptor en un circuito eléctrico, es el campo eléctrico lo que se propaga a la velocidad de la luz. Aunque los electrones que producen la corriente se mueven lentamente, todos empiezan a moverse prácticamente a la vez, así es que los efectos eléctricos en el circuito parece que ocurren casi instantáneamente.

Tenemos un esquema bastante simple de la naturaleza eléctrica de los sólidos cristalinos. Todos tienen una estructura de red cristalina regular, pero mientras unos tienen electrones libres de moverse por la red, otros no.

Aquellos que tienen tales electrones libres son los conductores eléctricos, y la energía asociada con el flujo de corriente es la energía cinética de los electrones libres debida a su velocidad de desplazamiento. Esta energía es obtenida del campo eléctrico establecido en el material por la batería. El efecto calorífico de una corriente eléctrica es debido a la energía desprendida por los electrones libres al moverse en la red.

Hemos visto ya (página 17) que los electrones pueden poseer a menudo una cantidad de energía restringida. Si la sencilla visión que hemos dado de conductores y aislantes más arriba se amplía incluyendo el concepto de niveles de energía, será posible comprender la semiconducción y los fenómenos asociados con la electrónica de estado sólido moderna.

2.2. Diagramas energéticos

Anteriormente hemos utilizado diagramas en los que las líneas horizontales representan niveles de energía permitidos para los electrones. Cuanto más alta esté dibujada una línea en el diagrama, mayor será la energía representada.

En los diagramas energéticos utilizados en la moderna teoría de estado sólido, se aplican los mismos principios, pero se usan dos tipos de líneas horizontales para denotar los niveles de energía permitidos en un sistema determinado.

En la figura 2.1 las tres líneas horizontales representan tres valores de la energía que puede tener un electrón en algún sistema hipotético sencillo, $E_3 > E_2 > E_1$.

Pero en el sistema aquí representado no hay ningún electrón en los niveles de energía permitidos E_3 o E_1. Se dice que estos niveles de energía están vacantes y se dibujan con líneas de trazos.

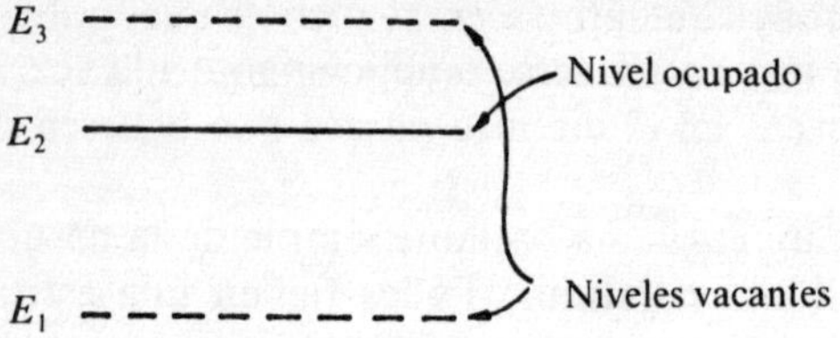

Figura 2.1

Hay un electrón en el sistema con energía E_2. Se dice que este nivel está ocupado y se representa convencionalmente por una línea continua.

Entre las reglas que gobiernan el comportamiento de los electrones en cualquier sistema hay una que dice que no puede haber dos electrones en el mismo estado exactamente. Ésta recibe el nombre de principio de exclusión, y se incorpora al convenio del diagrama energético declarando que sólo puede haber un electrón por nivel energético. En principio, entonces, habrá una línea llena en el diagrama para cada electrón del sistema descrito, y habrá también muchas líneas de trazos.

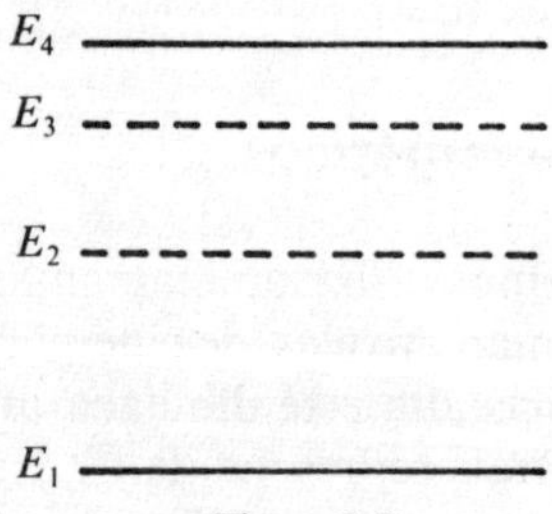

Figura 2.2

En el sistema representado en la figura 2.2 hay dos electrones ocupando los niveles E_1 y E_4, respectivamente. Hay cierto número de transiciones posibles en este material. El electrón de E_4 puede caer a E_3 o E_2, y si esto ocurre la sustancia emitirá energía. Por otra parte, el electrón de E_1 puede elevarse hasta E_2 o E_3 si la sustancia absorbe exactamente la cantidad correcta de energía. No hay transiciones posibles entre E_1 y E_4 por hallarse ambos niveles ocupados.

Si se examina el diagrama energético de cualquier sólido cristalino, se verá que cae dentro de alguno de los dos modelos de la figura 2.3.

(*a*) (*b*)

Figura 2.3

En (*a*) hay una banda de muchos niveles completos separada cierta distancia de una banda de muchos niveles vacantes. En (*b*) la banda completamente vacante está inmediatamente por encima de la banda completamente llena.

Habrá en realidad muchos más niveles que éstos en cada banda, pero es innecesario dibujarlos todos en los diagramas utilizados para explicar la teoría de estado sólido. Además, en un diagrama energético completo habrá cierto número de bandas totalmente llenas muy por debajo de las mostradas separadas de ellas por distancias grandes.

Las interacciones en las que se ven implicados los electrones de las bandas bajas necesitan cantidades muy grandes de energía, y no se dan en los dispositivos electrónicos, salvo en algunos especiales que manejan rayos X o rayos γ. La cantidad de energía en un cuanto de rayos X o γ puede ser suficiente para excitar a los electrones alejándolos de las bandas «profundas», pero esto no ocurre habitualmente en los procesos eléctricos ordinarios en los conductores y semiconductores.

Los diagramas energéticos que nos conciernen son del tipo de los dibujados que muestran sólo los electrones con más energía en el material. Los diagramas se dibujan a menudo con líneas verticales que los limitan lateralmente; la línea horizontal inferior no representa, por supuesto, al electrón de energía cero.

Para que un material conduzca electricidad debe contener electrones que puedan incrementar su energía en una pequeña cantidad, y así moverse por el material en forma de corriente eléctrica.

Los materiales con un diagrama energético como el de la figura 2.4 (*a*) son conductores. Existen niveles vacantes cerca de la parte superior de la banda llena, y los electrones son entonces capaces de aceptar de la batería un pequeño incremento de energía que les da la velocidad de desplazamiento.

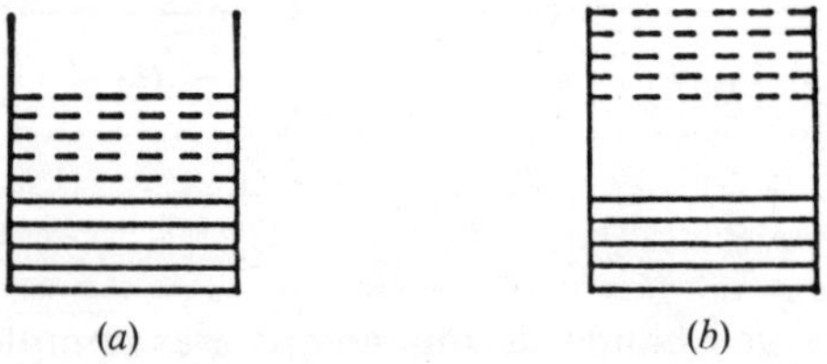

Figura 2.4

Los materiales con un diagrama como el de la figura 2.4 (*b*) son aislantes. Un pequeño incremento de energía sólo sería suficiente para llevar un electrón al espacio vacío contiguo a la banda llena. Pero no existen niveles permitidos en este espacio, y por tanto este pequeño incremento de energía no podrá ser aceptado por los electrones que serán incapaces de circular por el material formando una corriente.

Los diagramas de energía mostrados más arriba —y todos los diagramas de este tipo, a menos que se diga lo contrario— están dibujados para materiales a cero grados absolutos. A cualquier temperatura real —en particular, para la temperatura ambiente, digamos 290 grados en la escala absoluta (290 K)— el material contendrá energía térmica que puede afectar al dibujo.

El efecto de la energía térmica sobre el diagrama para un conductor será el de desdibujar la línea claramente definida entre las bandas llena y vacante. Algunos electrones de la parte alta de la banda llena habrán aceptado energía térmica y habrán ocupado alguno de los niveles vacantes en la parte baja de la banda vacía.

A cierta distancia de la línea divisoria original las dos bandas estarán de forma exclusiva llenas o vacías respectivamente, ya que la energía térmica no es suficiente para excitar a los electrones lejos de estos niveles. Pero cerca de esta línea, a ambos lados, habrá regiones donde haya algunos niveles vacantes y otros ocupados. El material seguirá comportándose como un conductor, porque nada ha alterado la capacidad de los electrones de aceptar de la batería un pequeño incremento de energía.

El dibujo de los niveles de energía del aislante permanecerá invariable a temperatura ambiente, porque la energía térmica disponible sólo sería suficiente para llevar a un electrón al espacio vacío, y esto está prohibido.

2.3. Semiconductores intrínsecos

Supongamos que existe un material con la estructura del diagrama de energía de un aislante característico, pero en el que la banda de energía prohibida es mucho menor que en un aislante auténtico. A temperatura ambiente, la energía térmica disponible puede ser ahora suficiente para hacer que un pequeño número de electrones cruce el espacio entre la banda llena y la vacía. Esto se llama excitación térmica.

Si esto ocurre, los electrones en la banda anteriormente vacante pueden aceptar de la batería un pequeño incremento de energía, y algunos electrones de la banda llena pueden hacer lo mismo ocupando los niveles recientemente abandonados por los electrones excitados térmicamente que han cruzado el espacio entre bandas.

En principio, el material se ha hecho un conductor eléctrico, pero el número de electrones excitados hasta las bandas vacantes será muchísimo menor que el gran número de ellos que pueden actuar como portadores de carga en un conductor verdadero. La corriente que circule para un campo aplicado dado será más pequeña que en un conductor auténtico en un factor de muchos miles.

Los materiales que conducen claramente la electricidad, pero considerablemente menos que los metales, se denominan semiconductores.

Un material como el considerado anteriormente, que pasa a ser un semiconductor cuando se alcanza la temperatura ambiente —el germanio es un ejemplo— se llama semiconductor intrínseco.

En un conductor metálico hay siempre electrones presentes

que pueden actuar como portadores de carga móviles. Pero en los semiconductores intrínsecos no hay portadores de carga móviles hasta que se produce la excitación térmica. El número de portadores de carga disponibles, y por tanto la conductividad, dependerá mucho más fuertemente de la temperatura en tales semiconductores intrínsecos que en los metales.

2.4. Semiconductores extrínsecos

Ciertos materiales con la estructura característica de aislantes pueden ser convertidos en semiconductores suministrándoles una pequeña cantidad de impurezas. Así, si se añade fósforo al silicio puro en proporción de unas pocas partes por millón, se convierte éste en un semiconductor.

Estos materiales, que dependen de la presencia de impurezas para producir conductividad eléctrica, se llaman semiconductores extrínsecos. La mayor parte de la electrónica moderna de estado sólido se basa en la semiconducción extrínseca.

El diagrama de energía de un semiconductor intrínseco, por ejemplo, silicio «dopado» con fósforo, se muestra en la figura 2.5.

No hay suficiente impureza para alterar el enlace en el cristal, pero el diagrama de bandas se modifica, con la introducción de un nuevo nivel lleno cerca de la banda de conducción, debido al átomo de impureza. El nivel de impureza lleno se representa como en la figura.

La línea corta indica que ésta es una situación que se alcanza en la vecindad de relativamente pocos átomos de impureza, no

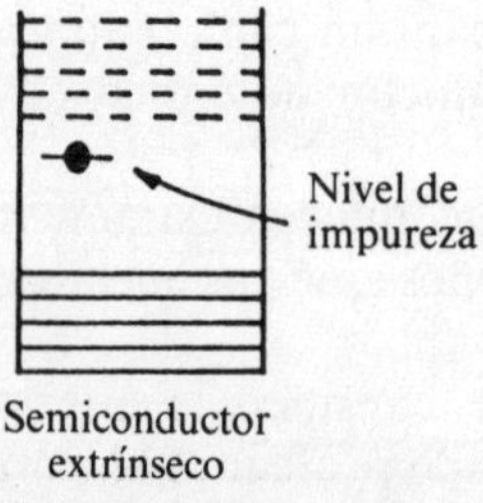

Figura 2.5

como los otros niveles de energía que están permitidos a lo largo de todo el cuerpo del cristal.

El nivel de impureza lleno está cerca de la banda vacante; en consecuencia, a cualquier temperatura significativamente por encima de 0 K el electrón será excitado hasta la banda vacante. Típicamente, a unos 200 K, todos los electrones en los niveles de impureza de todo el material habrán sido excitados térmicamente hasta alcanzar la banda vacante.

Una vez que un «electrón de impureza» se sitúa en la banda vacante, puede deambular por cualquier zona del material, porque cada nivel de energía en la banda persiste a través de todo el cristal. El electrón así excitado hasta la banda vacante puede aceptar energía de un campo eléctrico y el material es ahora un semiconductor. A tal material se le aplica el término de semiconductor extrínseco.

La conductividad variará fuertemente con la temperatura siempre que esté por debajo de la temperatura realmente baja a la que todos los electrones del nivel de impureza han sido excitados. Por encima de esta temperatura la variación de conductividad será pequeña. En condiciones de trabajo normales, la conductividad de un semiconductor extrínseco está fuertemente determinada por el porcentaje de dopado.

En la figura 2.6 se representa un esquema de lo que ocurre en el semiconductor extrínseco descrito anteriormente.

La valencia del material principal, el silicio, es 4. Esto significa que, en el silicio puro, cada uno de los cuatro electrones de valencia intervienen en el enlace del átomo de silicio en la red. Cuando se añaden impurezas, cada átomo de impureza ocupa el

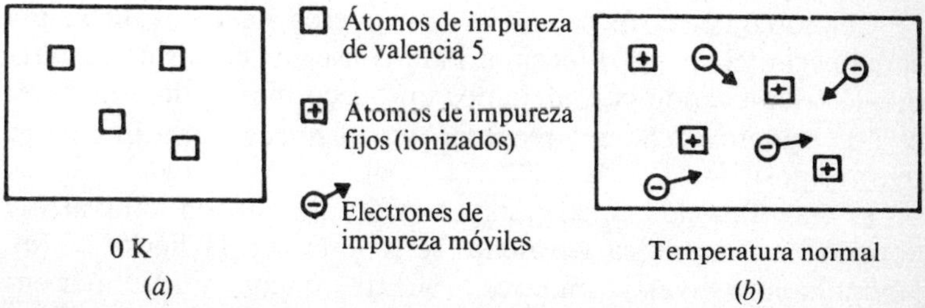

Figura 2.6

lugar de uno de silicio en la red cristalina. Pero la valencia de la impureza del fósforo es 5 y, como sólo se necesitan cuatro electrones para mantener unido un átomo de fósforo en un cristal de silicio, habrá un electrón que no será necesario para el enlace. A 0 K este electrón permanecerá unido muy débilmente a su átomo.

A temperaturas normales, sin embargo, el electrón captará energía térmica y se distanciará del átomo del que procedía, dejándolo ionizado positivamente. Los electrones excitados que se han alejado de sus átomos deambularán aleatoriamente por el material. Si se aplica un campo eléctrico al material, adquirirán una velocidad adicional de desplazamiento en la dirección apropiada y constituirán una corriente.

Los iones de impureza positivos a los cuales estaban asociados estos electrones móviles permanecerán fijos en la red cristalina.

Otra forma de construir un semiconductor extrínseco es añadir una impureza de valencia 3 como el boro, al material anfitrión de silicio tetravalente. Ahora sólo hay tres electrones de valencia para unir el átomo de impureza a la red, mientras que son cuatro los requeridos. A 0 K habrá un lugar libre para un electrón cercano a cada átomo de impureza. Estos lugares libres se denominan «huecos».

Cuando la temperatura de un material se eleva hasta un valor normal, algún electrón cercano ganará suficiente energía térmica para ser excitado y, abandonando el átomo del que forma parte, ocupará el «hueco». Un poco después, otro electrón próximo se moverá y ocupará la nueva posición tomada por el hueco. Este proceso puede contemplarse como el movimiento sucesivo de un gran número de electrones que se desplazan una pequeña distancia, o como el movimiento de un hueco a través de una distancia grande.

Cuando un electrón se mueve de izquierda a derecha, lleva una carga negativa en esa dirección. Para conseguir el mismo resultado eléctrico cuando consideramos un hueco moviéndose de derecha a izquierda debemos recordar que el hueco porta una carga efectiva positiva.

El diagrama de bandas para un material anfitrión tetravalente dopado con impureza trivalente se muestra en la figura 2.7 (*a*). Ahora hay un nivel de impureza vacante inmediatamente por encima de la banda llena. Alternativamente, puede considerarse que

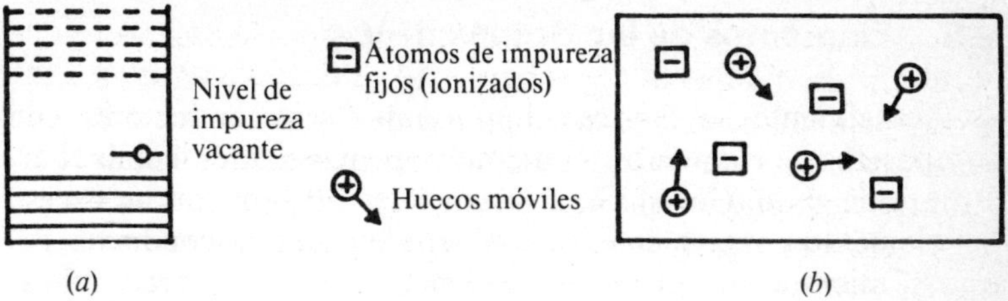

Figura 2.7

el hueco de impureza ha sido excitado llevándolo hacia abajo, a la banda llena.

Nótese que los huecos necesitan recibir energía para moverse hacia abajo en un diagrama energético, mientras que los electrones necesitan energía para moverse hacia arriba.

En la figura 2.7 (*b*) se muestra un esquema físico del material a temperatura normal. Los huecos se están desplazando aleatoriamente por todo el cristal, y los átomos de impureza originales se han convertido en iones negativos al haber tomado cada uno de ellos un electrón.

Los semiconductores extrínsecos se dividen en los de tipo *n* y los de tipo *p*, y sus diagramas de energía se repiten más abajo. Los nombres provienen del hecho de que la conducción es mediante electrones negativamente cargados para el tipo *n* y por huecos positivamente cargados en los de tipo *p*. Los niveles de impureza en los de tipo *n* y los de tipo *p* se llaman a veces nivel de donador y de aceptor, respectivamente, porque ceden o aceptan un electrón.

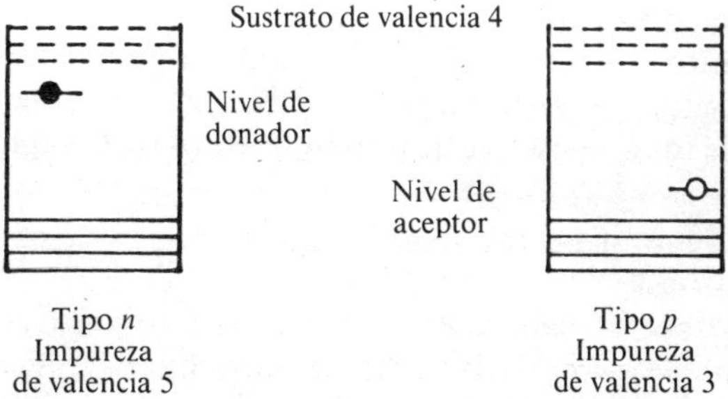

Figura 2.8

2.5. Elementos de los Grupos III-V

Actualmente se fabrican importantes semiconductores con compuestos de elementos trivalentes y pentavalentes, como el arseniuro de galio (GaAs). Si la sustancia se prepara con un exceso del elemento pentavalente, se convierte en un semiconductor del tipo *n*, mientras que el exceso de elemento trivalente proporciona un semiconductor de tipo *p*.

2.6. Circuitos electrónicos

El circuito electrónico más simple consiste en una batería, o algún otro generador de potencia eléctrica, conectada a una carga, que puede ser una bombilla, un elemento calorífico, un motor o algo similar. La mayoría de los circuitos electrónicos serán algo más complejos.

La mayor parte de un circuito será un conductor o un semiconductor (normalmente aquél) y sólo se esperará de él que permita el paso de la corriente. Pero en alguna parte del circuito habrá un punto en el que la corriente será controlada por un agente externo. En este punto, habitualmente habra una válvula o un transistor en el que una señal eléctrica del agente externo controlará la corriente principal que circula entre la batería y la carga. En la válvula este control depende de la emisión de electrones de un semiconductor a otro en contacto con él.

Los diodos termoiónicos y semiconductores dependen del proceso de emisión y del de inyección, respectivamente, y ambos se describirán en el siguiente capítulo. Estos diodos son importantes en electrónica, a pesar de que, en general, no poseen la gran cantidad de propiedades de control y amplificación de potencia de los triodos y de los transistores que serán tratados en el capítulo 4.

3 Diodos: emisión e inyección

El diodo termoiónico fue inventado en 1904, y ésta podría considerarse como la fecha de nacimiento de la electrónica, a pesar de que por esa época ya se había conseguido la radiotransmisión a través de distancias de miles de kilómetros con aparatos relativamente poco sofisticados.

El inventor del diodo de vació fue Fleming. Él aplicó el hecho, ya descubierto por Edison, de que podía hacerse circular una corriente eléctrica a través del espacio vacío entre el filamento caliente de una lámpara eléctrica y otro electrodo de metal situado en el interior de la bombilla vaciada. Este efecto es consecuencia de la emisión termoiónica de electrones por un filamento de metal calentado.

3.1. Emisión termoiónica: función de trabajo

Los electrones libres de un conductor pueden moverse por él aleatoriamente. Si se calienta el material, estos electrones seguirán con su movimiento aleatorio, pero con una energía superior.

Si, en el curso de su movimiento, un electrón llega a la superficie, normalmente no escapará. Mientras está dentro del cuerpo del material, un electrón libre experimenta fuerzas iguales en todas las direcciones debidas a la red cristalina y los otros electrones libres que le rodean completamente. Pero cuando el electrón está muy cerca de la superficie, ya no está completamente rodeado, y las fuerzas quedan desequilibradas.

Si un electrón escapara, el sólido adquiriría una carga positiva, y existiría una fuerza de atracción entre carga positiva y la carga negativa del electrón.

El resultado de estos efectos es que un electrón que esté cerca de la superficie por dentro o por fuera, experimentará una fuerza que lo mantendrá ligado al material. Para que el electrón escape debe superar esta fuerza.

A temperatura ambiente, sólo un número despreciable de electrones de los que se aproximan a la superficie tendrá energía bastante para escapar. Pero si se eleva la temperatura suficientemente, la energía media de los electrones aumenta y los que se mueven rápidamente serán capaces de escapar a la atracción del sólido.

La mínima energía que debe poseer un electrón para escapar está dada por $\Phi \cdot e$, donde e es la carga del electrón y Φ, medida en voltios, es la función de trabajo del material.

En términos cuánticos, la función de trabajo se define a veces como la diferencia entre la energía que representa el límite entre las bandas llena y vacante a 0 K, y la energía poseída por un electrón que ha escapado del material (véase página 58).

A menor función de trabajo se obtiene mayor corriente de emisión termoiónica para una temperatura dada. A mayor temperatura, mayor será la emisión.

El tungsteno fue usado originariamente como emisor termoiónico. A pesar de tener una función de trabajo grande, tiene también un punto de fusión muy alto, y por ello se puede elevar mucho su temperatura para obtener una emisión abundante. Las válvulas modernas usan cátodos recubiertos de óxido, que proporcionan una buena emisión a una temperatura mucho menor que la necesitada por el tungsteno. El material del cátodo es una mezcla de óxidos de metales tales como bario y estroncio. Cuando se utiliza bario libre o estroncio difundido en la superficie del material calentado, la emisión tiene lugar desde puntos interiores al metal atravesando sólo uno o dos átomos, y tiene así una función de trabajo efectiva muy baja.

Los electrones son emitidos por el cátodo que, en una válvula moderna, es normalmente de recubrimiento óxido, del tipo calentado indirectamente que se muestra en la figura 3.1.

El cátodo es un casquillo de níquel con la mezcla de óxidos. La

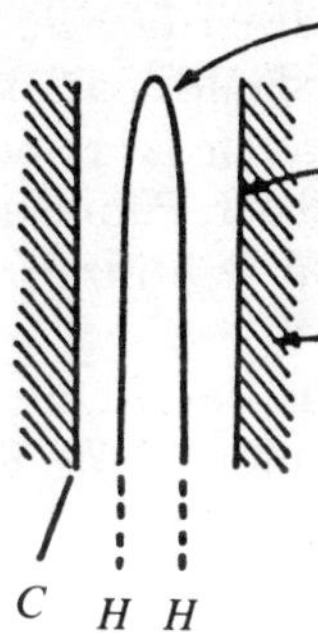

Figura 3.1

temperatura del casquillo y del recubrimiento óxido se alcanza gracias a un calentador eléctrico, empotrado en algún tipo de cemento que proporcione un buen contacto térmico, pero que sea aislante eléctrico. Se deben sacar al exterior tres conexiones eléctricas de la *cubierta* de la válvula: los dos terminales del calentador y la conexión del propio cátodo.

3.2. El diodo termoiónico

Si se conectan dos piezas diferentes de metal a los terminales de una batería, se producirá una corriente eléctrica a través del espacio entre ellos. Un campo eléctrico es una región donde un cuerpo cargado experimenta una fuerza que tiende a moverlo. Si se hace el vacío en el espacio entre las dos piezas de modo que no haya moléculas de gas que obstruyan el paso, un electrón situado en el campo se moverá del electrodo metálico negativo al positivo.

En el diodo termoiónico, los electrones emitidos por el cátodo caliente son atraídos por el otro electrodo —el ánodo— a través del espacio que los separa, por la acción del campo eléctrico que produce una batería, conectada de modo que el ánodo se haga positivo respecto al cátodo.

La disposición de los electrodos puede verse en la figura 3.2 (*a*); el ánodo es una hoja cilíndrica de metal algo distanciada del cátodo y que lo rodea. Las conexiones eléctricas del ánodo, cátodo y los dos terminales del calentador se sacan a patillas metálicas exteriores, que atraviesan el cristal en la base de la válvula. Dentro de la cubierta hay soportes aislantes para sustentar la estructura de los electrodos. Antes de sellar la ampolla se hace el vacío en la válvula hasta una presión baja. Para extraer el gas absorbido en las partes de cristal y metal se utilizan métodos complejos.

El símbolo usado en los esquemas de circuitos electrónicos para el diodo termoiónico es el de la figura 3.2 (*b*). En estos circui-

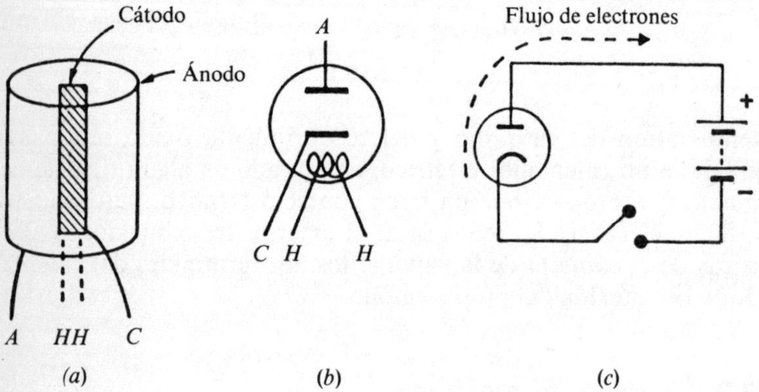

Figura 3.2

tos habrá normalmente muchas válvulas, y, para evitar hacer el diagrama muy complicado, no se dibujan los hilos que conectan los calentadores de la válvula a la fuente de baja tensión. En algunos casos ni siquiera se muestran los calentadores en los símbolos de las válvulas, dando por supuesto que cada válvula tiene un calentador y que todos ellos están conectados en paralelo a la tensión de alimentación del calentador, normalmente un devanado del equipo transformador principal, que suministra 6,3 V de c.a.

La figura 3.2 (*c*) es el esquema de un diodo de vacío en serie con un interruptor y una batería. (Nótese que el calentador del cátodo no se ha dibujado.)

Al cerrar el interruptor, los electrones emitidos por el cátodo caliente serán barridos hacia el ánodo por el campo eléctrico producido por la batería entre ambos. Si se abre el interruptor, desaparece el campo eléctrico y los electrones no continúan circulando por la válvula.

Cuando se cierra el interruptor, circula una corriente de electrones por el circuito en la dirección indicada.

Pero si se hubiera conectado la batería de modo que el ánodo fuera negativo con respecto al cátodo, el campo eléctrico intentaría empujar a los electrones a través de la válvula desde el ánodo hacia el cátodo. Sin embargo, el ánodo frío no emite electrones, de modo que no puede circular intensidad.

El fundamento del funcionamiento del diodo estriba en que pasa corriente por la válvula cuando el ánodo es positivo con respecto al cátodo, y no circula cuando es negativo respecto a él. Esta válvula conduce sólo en un sentido.

Si se conecta una batería al diodo de vacío de tal forma que la tensión a través de la válvula pueda aumentarse gradualmente, el gráfico de la corriente (*I*) que la atraviesa, dibujada en función de la tensión (*V*) del ánodo con respecto al cátodo, tiene la forma mostrada en la figura 3.3.

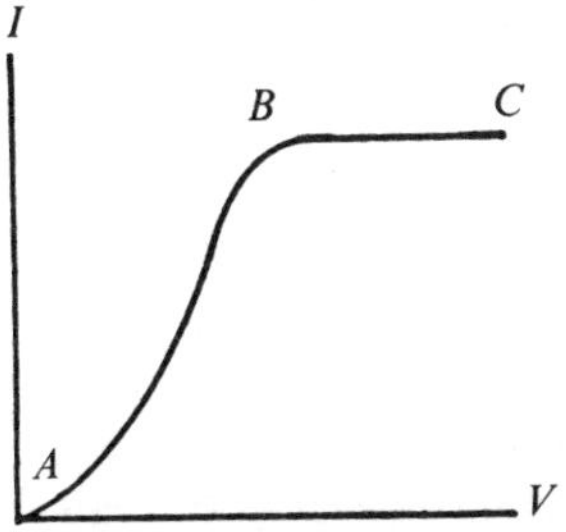

Figura 3.3

Si se calienta el cátodo y no hay tensión positiva en el ánodo, los electrones emitidos por la superficie del cátodo formarán una nube en sus proximidades denominada carga espacial. La carga negativa de la nube tenderá a evitar que escapen más electrones de la superficie. Cuando se conecta el calentador, se emiten electrones desde el cátodo hacia la carga espacial alcanzando rápidamente una cantidad tal que no permite que la emisión prosiga por más tiempo. Bajo estas circunstancias, cuando *V* es nula, también lo es *I*. Si ahora se aumenta gradualmente *V*, algunos electrones son llevados desde la nube de carga espacial hasta el ánodo e inmediatamente reemplazados en la nube por otros emitidos por el cátodo. A medida que V se hace mayor, el número de electrones por segundo extraídos de la carga espacial, y por tanto la corriente (I) en el circuito, aumenta. Ésta es la región *AB* de la curva I-V, que se llama característica del diodo.

El cátodo tiene una temperatura, función de trabajo y área determinadas, y el máximo número de electrones por segundo que puede emitir viene determinado por estas cantidades. Cuando la corriente a través de la válvula alcanza este valor, cualquier nuevo aumento de V no podrá producir un incremento en I. Ésta es la región *BC* de la característica.

La zona *AB* se denomina región de la característica limitada por carga espacial, y en ella $I \propto V^{3/2}$ aproximadamente. A la región. *BC* se le llama región de la característica limitada por la temperatura porque, en principio, el único modo de obtener más corriente sería elevar la temperatura del cátodo de forma que I pudiese tomar un valor superior antes del alisado de la característica, o saturación. En la práctica, los diodos de vacío están diseñados casi invariablemente para funcionar en la región limitada por carga espacial.

3.3. La unión *p n*

La función de trabajo, o barrera, que impide el escape de electrones de la superficie de un conductor, es la base del diodo termoiónico, en el que los electrones sólo pueden pasar del electrodo caliente al frío. Si se ponen en contacto un semiconductor tipo *p* y otro tipo *n*, se forma una barrera similar en la unión. Esta barrera tiende a impedir el paso de electrones del material tipo *n* al de tipo *p* y de huecos en el sentido contrario. Esta barrera es el fundamento del diodo de unión *pn*, que, como el diodo termoiónico, conduce en un solo sentido.

Hemos visto ya (página 63) que un semiconductor tipo *n* a temperatura ambiente (digamos, Si dopado con P) consiste en una red cristalina fija de átomo de silicio en la que un pequeño número de los lugares están ocupados por iones de fósforo cargados positivamente, que también permanecen fijos. Los electrones que estaban unidos a estos iones en los átomos de fósforo originales están ahora moviéndose aleatoriamente por todo el material.

En un semiconductor de tipo *p* (digamos, Si dopado con B) habrá huecos positivos moviéndose aleatoriamente por la red de silicio, la cual contendrá unos pocos iones de boro negativamente cargados.

Vamos a estudiar qué ocurre cuando un trozo tipo *n* de silicio semiconductor y otro tipo *p* se hallan en contacto.

Los electrones en el semiconductor tipo *n* son libres de deambular por el material. Han sido excitados térmicamente desde sus niveles localizados de impureza, que son debidos al fósforo, hasta la banda vacante que es una característica del material de silicio anfitrión. El material tipo *p* también es principalmente silicio, de modo que, cuando se efectúa una unión *pn*, los electrones del semiconductor tipo *n* verán una extensión de la banda vacante en el de tipo *p* y *tenderán* por ello a deambular libremente en él, del mismo modo que lo hacen en el de tipo *n*. De forma similar, los huecos errabundos en el del semiconductor tipo *p tenderán* a difundirse en el de tipo *n* cuando los dos materiales sean puestos en contacto.

Sin embargo, esta tendencia de los electrones y huecos en los semiconductores tipo *n* y *p*, respectivamente, a difundirse por el volumen del material compuesto es opuesta a causa de dos efectos, descritos más adelante, que se producen en las proximidades del área de contacto.

Un hueco es un lugar donde es necesario un electrón para completar el enlace cristalino. De aquí que, si un hueco errabundo se encuentra con un electrón, el electrón será capturado por aquél para completar un enlace, y ni el electrón ni el hueco permanecerán ya disponibles para ser portadores de corriente por el material. Si un electrón y un hueco se encuentran se destruyen como portadores de carga, uno al otro. Éste es un efecto que aparece al poner en contacto materiales tipo *n* y *p*.

Si un electrón abandona el semiconductor tipo *n*, dejará el material positivamente cargado, y al entrar en el de tipo *p* le aportará una carga negativa. El hecho de que el material tipo *n* haya adquirido una carga positiva y el de tipo *p* una negativa, tenderá a evitar la difusión natural de electrones de *n* a *p*. El paso de huecos de *p* a *n* causará un aumento de esta carga en los dos lados.

Al poner los dos elementos en contacto, los electrones y los huecos se difundirán a través de la unión hasta que se forme una carga suficientemente grande para inhibir cualquier difusión subsiguiente. Éste es el estado de equilibrio.

Las cargas en los materiales de tipo *n* y *p* crean una barrera de potencial en la unión que evita el paso de más portadores de carga a través de ella.

Si se conecta una batería a la unión con su terminal negativo unido al semiconductor tipo *p* y el positivo al de tipo *n*, la tensión exterior aumenta la altura de la barrera de potencial aún más y no circula corriente. Si la batería se aplica en forma inversa, se reduce la barrera de potencial y los portadores de carga son ahora capaces de atravesarla, es decir, circula la corriente.

El mecanismo de esta «circulación en un solo sentido» a través de la unión *pn* se examina a continuación de forma más completa, y en términos de niveles de energía.

En la figura 3.4 se muestra la distribución de carga en la vecindad de una unión *pn*. A la izquierda de *A* y a la derecha de *B* se observa la distribución de carga que habría existido en los mate-

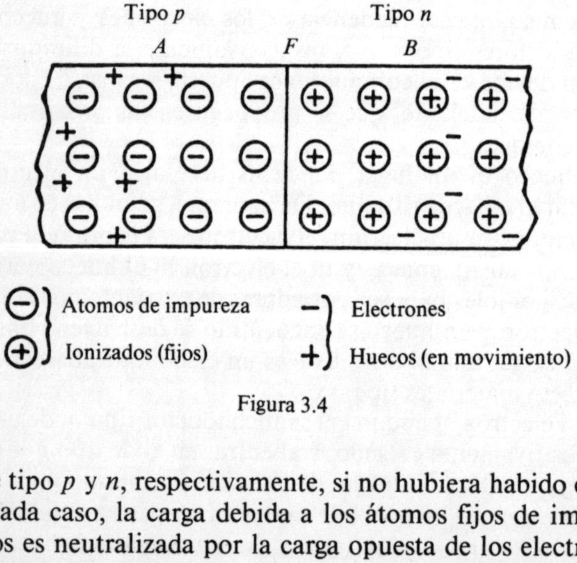

Figura 3.4

riales de tipo *p* y *n*, respectivamente, si no hubiera habido contacto. En cada caso, la carga debida a los átomos fijos de impureza ionizados es neutralizada por la carga opuesta de los electrones o los huecos que se mueven aleatoriamente por el cristal.

De hecho, sin embargo, los electrones que abandonan el semiconductor tipo *n* lo dejan positivamente cargado, y los huecos que abandonan el tipo *p* lo dejan cargado negativamente. Unos y otros se difunden en el nuevo material hasta encontrar un portador del signo opuesto. Cuando un electrón y un hueco se encuentran, se combinan y ambos quedan fuera del proceso de conducción eléctrica. La proximidad inmediata de la unión, es decir, la zona entre *A* y *B*, no contiene huecos o electrones libres y es un aislante a través del cual existe un gradiente de potencial, ocasionado por la carga espacial de los átomos de impureza ionizados, no neutralizados ya por los portadores libres. La región comprendida entre *A* y *B* se llama zona de transición.

Examinemos ahora la unión *pn* en términos de diagramas energéticos.

A temperatura ambiente, los electrones que se mueven aleatoriamente en el material de tipo *n* poseerán diferentes energías. La mayoría de los electrones de impureza excitados estarán en niveles bajos de energía de la banda vacante. Cuanto más alta sea la posición en el diagrama, menor será el número de niveles de energía ocupados por estos electrones.

Un gráfico de la distribución de electrones de impureza en la banda vacante tendrá la forma exponencial de la figura 3.5 (*a*). Igualmente, la curva de distribución de los huecos libres en la banda llena del material tipo *p* tendrá la forma de la figura 3.5 (*b*), donde, al estar tratando con huecos, la energía aumenta en sentido descendente.

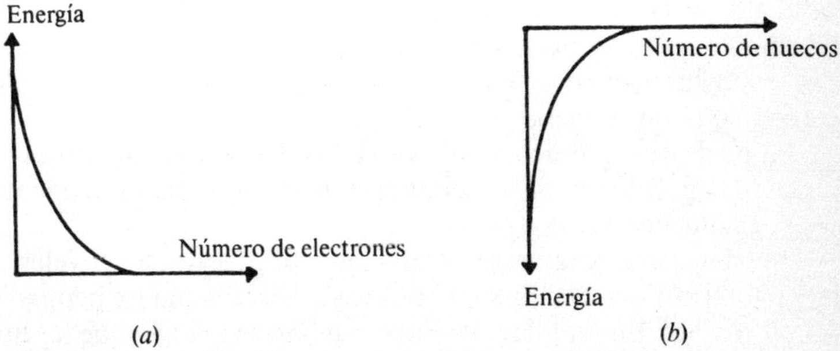

Figura 3.5

Estas curvas de distribución para electrones y huecos pueden ahora trasladarse al diagrama energético para obtener información acerca de la situación en un semiconductor tipo *p* o *n* a temperatura ambiente, antes y después del contacto.

En la figura 3.6 se ven los diagramas de energía para los tipos *p* y *n* a temperatura ambiente inmediatamente antes de que los materiales se hayan puesto en contacto a lo largo de la línea *XY*.

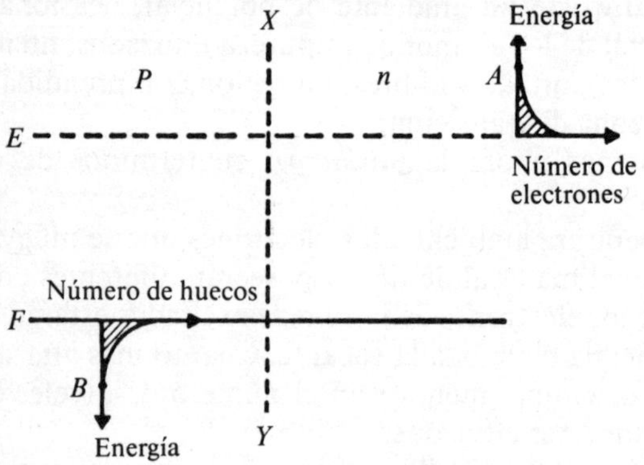

Figura 3.6

La línea de trazos *E* representa la parte baja de la banda vacante en el material caliente (por ejemplo, silicio), y será común a ambos lados, el *p* y el *n*. De forma similar, la línea continua *F* es la parte alta de la banda llena. Las curvas sombreadas representan la distribución de los electrones y huecos de impureza. El electrón más energético tiene la energía indicada por *A* y el hueco más energético tiene la energía indicada por *B*.

Antes de ver qué ocurre al poner los dos semiconductores en contacto, consideremos someramente una cuestión fundamental del diagrama energético.

Este diagrama para un material concreto muestra los niveles de energía permitidos y cuáles de ellos están efectivamente ocupados por electrones. En realidad, hay más bandas de energía que las que aparecen en los diagramas que usamos para describir los conductores y semiconductores, pero éstas son bandas llenas que quedan muy por debajo de las mostradas y que no intervienen en los procesos eléctricos que nos interesan (véase página 58).

En estos procesos, estamos interesados en la presencia o ausencia de electrones en las bandas dibujadas y posiblemente en las transiciones entre las bandas. El valor numérico absoluto de la energía asociada con un nivel concreto carece de interés. Mucho más importante es la diferencia de energía entre dos niveles determinados.

La energía representada por un nivel es la suma de energía potencial y cinética, y está fuertemente determinada por la estructura física de la sustancia. Si se aplica de alguna manera un potencial eléctrico positivo o negativo a un trozo de material, la estructura no cambiará, ni tampoco las posiciones relativas de los niveles en el diagrama. Pero habrá disminuido o aumentado el valor absoluto de todos los niveles permitidos, dependiendo del signo del potencial aplicado. Como no estamos interesados en los valores absolutos, esto no afectará a la discusión acerca del comportamiento del material aislado.

El efecto, sin embargo, se hace importante si consideramos sustancias en contacto entre las que se ha establecido una diferencia de potencial. Todos los niveles de energía de uno de los lados de la unión se elevarán en una cierta cantidad, mientras los del otro descenderán en un valor igual.

En la unión *pn* descrita más adelante, este efecto produce una elevación de potencial en la unión y por tanto aumenta la conducción unidireccional, o acción rectificadora, del diodo de unión.

La figura 3.7 (*a*) es una repetición simplificada de la figura 3.6, y muestra la distribución de electrones y huecos a temperatura ambiente, justo antes de poner en contacto los materiales de tipo *p* y *n*.

En la figura 3.7 (*b*) se ve la situación después del contacto, cuando han tenido lugar los acontecimientos descritos anteriormente (véase página 73). La región rayada en el diagrama indica la zona de transición. Las cargas fijas distribuidas en esta zona harán el material tipo *p* de la izquierda negativo con respecto al tipo *n* de la derecha. Los niveles de energía de la izquierda se moverán como un todo hacia arriba y los de la derecha hacia abajo, para establecer la elevación de potencial dibujada entre ellos.

La dirección y cantidad de movimiento de los niveles de ener-

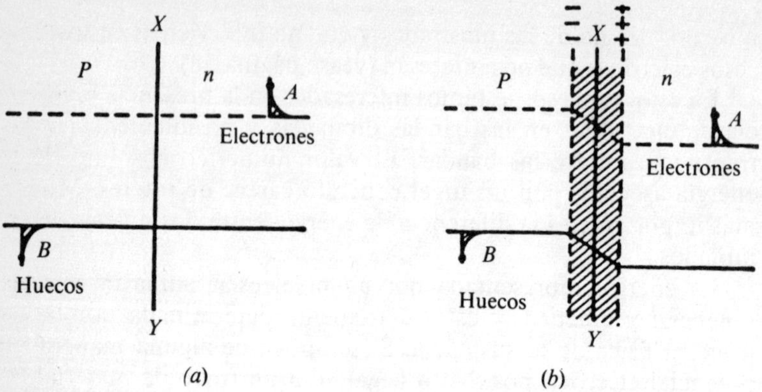

Figura 3.7

gía es tal, que el electrón más energético *A* y el hueco más energético *B* son todavía incapaces, pero por muy poco, de remontar la elevación y pasar a través de la unión.

Cuando se ponen en contacto los dos materiales, tiene lugar la difusión de huecos y electrones hasta que se llega a la situación de equilibrio descrita con anterioridad.

Consideremos ahora una batería que origine una diferencia de potencial interna entre los materiales como en el figura 3.8.

En (*a*) la batería acentúa el efecto debido a las diferencias de potencial internas en la unión. Los niveles de energía aumentan y disminuyen en la misma cantidad que la elevación. Los huecos y electrones más energéticos tienen ahora una energía mucho menor para remontar una elevación mayor. Ninguno de los electrones del semiconductor *n*, ni ninguno de los huecos del *p*, tiene suficiente energía para cruzar la unión, de modo que no circula corriente.

En (*b*) la tensión externamente aplicada reduce la altura de la elevación de forma que los electrones y huecos encerrados en los círculos en las curvas de distribución tienen ahora suficiente energía para atravesar la unión. Circulará intensidad por el circuito.

Al aumentar la tensión de la batería conectada en este sentido directo, la parte de curva de distribución de electrones (o huecos) englobada en el círculo aumentará, y lo mismo hará la corriente en el circuito, ya que hay más portadores de carga disponibles para cruzar la unión. Como las curvas de distribución son de for-

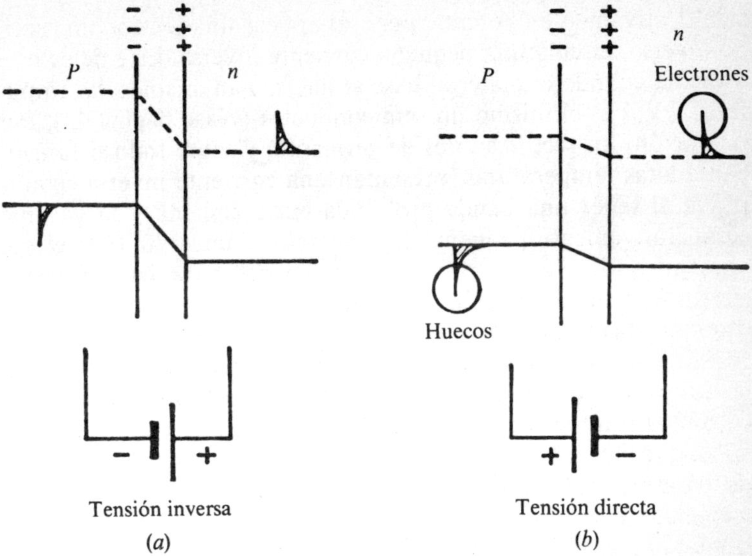

Figura 3.8

ma exponencial, la corriente en el circuito aumentará exponencialmente con la tensión en sentido directo (véase figura 3.9 (*a*)).

En determinados casos, la característica de la unión *pn* puede aparecer como en la figura 3.9 (*b*). La característica directa no es

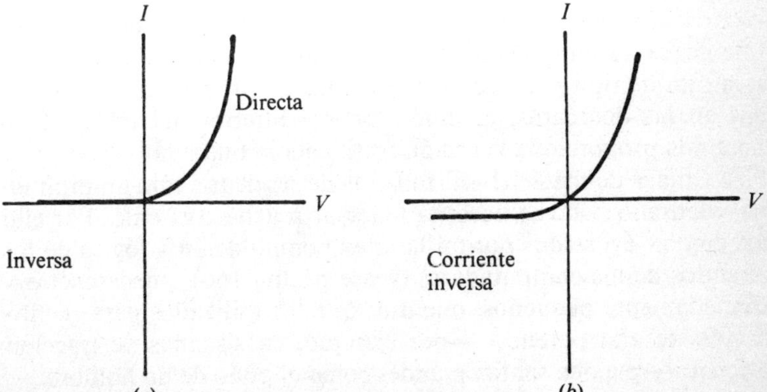

Figura 3.9

significativamente diferente, pero, al aplicar una tensión en sentido inverso, circula una pequeña corriente inversa. Este defecto se presenta cuando el material base al que se han añadido las impurezas *p* y *n* es él mismo un semiconductor (véase página 43). Por esta razón, los rectificadores de germanio, y sobre todo si funcionan a altas temperaturas, presentan una corriente inversa significativa al tener una banda prohibida entre la llena y la vacante comparativamente pequeña. En concreto, a unos 70 °C el efecto de semiconducción intrínseca es suficiente para oscurecer los efectos de semiconducción extrínseca que produce la acción rectificadora de la unión.

Por ello los diodos y transistores de germanio no se usan a temperatura mucho mayor que la ambiente. Pero, como en el silicio la banda prohibida es mayor que en el germanio, la cantidad de semiconducción intrínseca indeseada es mucho menor a cualquier temperatura dada; concretamente es insignificante a temperatura ambiente.

3.4. Diodos de unión

Al describir el comportamiento de la unión *pn*, estaba implícito que se ponían en contacto dos pedazos distintos de material, uno de tipo *p* y otro de tipo *n*. En realidad, las uniones *pn* se realizan mediante técnicas de difusión, de aleación o de deposición. Se puede añadir impureza a, digamos, una placa de material tipo *n* para convertirla en una de tipo *p*. El proceso se detiene antes de que llegue a su fin, de modo que una cara del material es de tipo *n* y la otra de tipo *p*. Se colocan a continuación conexiones eléctricas en las dos caras; la unión *pn* del interior del material así obtenida proporciona la acción rectificadora buscada.

La placa de material utilizada puede ser de tan sólo un milímetro cuadrado si no se necesita manejar mucha corriente. Por ello los diodos, utilizados por millares en conmutación y lógica en los circuitos de los computadores (véase página 166), pueden ser extremadamente pequeños, mientras que los utilizados para rectificación de alta potencia —por ejemplo, en sistemas de tracción eléctrica— pueden ser tan grandes como el puño de un hombre.

El símbolo de un diodo de estado sólido se puede ver un poco

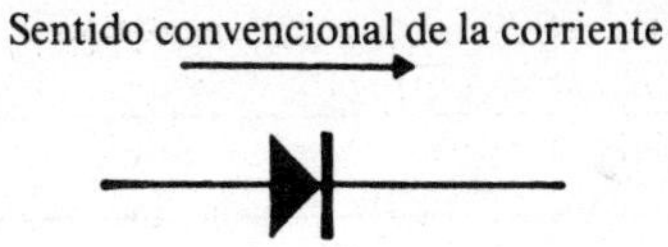

Figura 3.10

más arriba (figura 3.10); la flecha indica el sentido convencional de la corriente. (El sentido convencional de la corriente se supone dado por el de circulación de cargas positivas, pero en realidad es un flujo de electrones negativamente cargados en sentido contrario.)

3.5. Diodos comerciales

Los diodos de unión son utilizados en la mayoría de las aplicaciones en lugar de los termoiónicos. Son más pequeños, más baratos y más robustos, y normalmente funcionan con gran eficiencia, es decir, la potencia perdida en forma de calor es menor en un diodo de estado sólido que en uno termoiónico. Por otro lado, los diodos de vacío pueden soportar tensiones en sentido inverso mucho mayores, sin que se produzca ruptura de los mismos, y pueden funcionar a temperaturas realmente altas.

Las aplicaciones de la acción rectificadora del diodo se exponen en el capítulo 9. Ciertos rectificadores de estado sólido utilizan un contacto especial entre un metal y un semiconductor que produce una unión con propiedades similares a las del diodo *pn*. Se pueden adaptar determinados diodos para aplicaciones especiales sin relación con la propiedad rectificadora; estas aplicaciones se mencionan brevemente en el capítulo 12.

4 Triodos

Los diodos tienen dos electrodos activos: el cátodo y el ánodo aislados por un vacío en el diodo termoiónico; y el material *p* y *n*, separados por una zona de transición en el diodo de unión. Cada diodo tiene dos conductores metálicos, o terminales, que se conectan al circuito. (Los dos conductores del calentador de un diodo de vacío no se cuentan como parte del circuito electrónico propiamente dicho.)

Los triodos tienen tres electrodos y tres hilos o terminales para conectarlos a un circuito. En general, dos terminales (digamos el 1 y el 2) se conectan en un circuito y otros dos terminales (por ejemplo el 1 y el 3) se conectan a otro, es decir, el terminal 1 es común a ambos circuitos. Los efectos eléctricos en un circuito se usan entonces para controlar la corriente que circula en el otro. Concretamente, se puede conseguir una amplificación.

4.1. Triodos termoiónicos

En el triodo, el tercer electrodo se llama rejilla de control —o simplemente rejilla— y es un arrollamiento en espiral cercano al cátodo pero que no lo toca (véase figura 4.1 (*a*)). Los electrones que abandonan el cátodo y atraviesan la válvula hasta el ánodo tienen que pasar por la espiral. La figura 4.1 (*b*) representa la estructura de los electrodos seccionada por la mitad, y muestra que la rejilla está mucho más cerca del cátodo que del ánodo. Por este motivo, el potencial eléctrico de la rejilla tiene mucho mayor con-

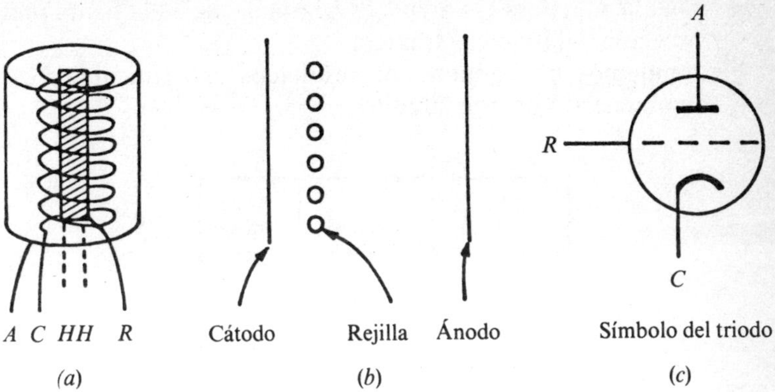

Figura 4.1

trol sobre la corriente de electrones que abandona el cátodo para atravesar la válvula que el que tiene el potencial del ánodo.

En la figura 4.2 se ha conectado un triodo de modo que se pueda mantener una diferencia de potencial V_a entre el cátodo y el ánodo al aplicarles la batería de alta tensión (a.t.) P, y se pueda mantener la diferencia de potencial V_r entre la rejilla y el ánodo mediante la batería Q.

Si se conecta el cátodo a tierra en la figura, se dice que su potencial es cero. Los potenciales de la rejilla de control y el ánodo son entonces V_r y V_a. Las baterías se disponen normalmente de modo que V_a sea positiva y V_r negativa, como se ha dibujado. La

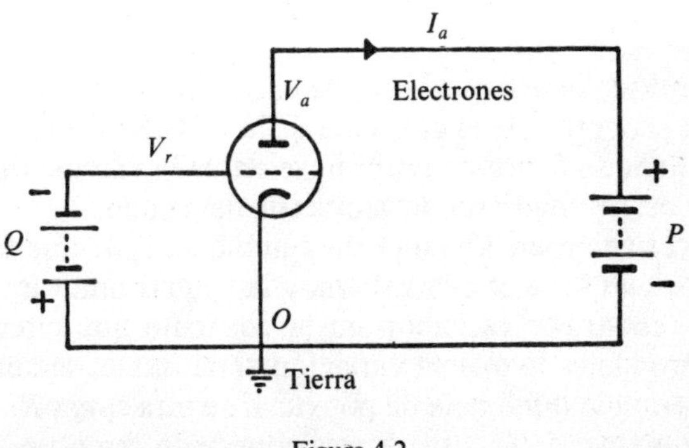

Figura 4.2

corriente que atraviesa la válvula es I_a, y la flecha en la figura indica la dirección del flujo electrónico.

Examinemos un conjunto de resultados experimentales que podrían obtenerse con este circuito.

V_r (voltios)	V_a (voltios)	I_a (mA)
0	0	0
0	100	20
−2	100	0

Con todos los electrodos a tierra, es decir, a tensión cero, no circula corriente. Si se sitúa ahora el ánodo a 100 V, manteniendo la rejilla a 0 V, circula una intensidad de 20 mA. Si ahora se conecta la rejilla a −2 V, permeneciendo el ánodo a 100 voltios, la corriente se hace nuevamente cero.

Comenzando con $V_r = 0$ V, $V_a = 100$ V, e $I_a = 20$ mA, es posible reducir la corriente de dos maneras. Se puede hacer pasar la tensión del ánodo de 100 a 0 V, manteniendo la tensión de la rejilla constante; o variar la tensión de la rejilla de 0 a −2 V, dejando constante la tensión del ánodo.

Una variación dada de I_a puede ser producida por una variación en V_a, $\Delta V_a = 100$, o por una en V_r, $\Delta V_r = 2$:

$$\frac{\Delta V_a}{\Delta V_r} = \frac{100}{2} = 50$$

De aquí se deduce que la rejilla es 50 veces más efectiva que el ánodo en el control de la corriente de la válvula. Este factor (50) se llama a menudo factor de amplificación de la válvula (μ), y su valor viene determinado por la geometría del triodo.

Una variación en V_r causa un cambio en I_a (véase figura 4.3). Si se coloca en serie con la válvula y la batería una carga de resistencia R, cualquier variación en la corriente que circula por la válvula producirá la misma variación en la intensidad en R y, por tanto, alterará la diferencia de potencial en esta carga R.

El extremo B de la carga R está conectado directamente al ter-

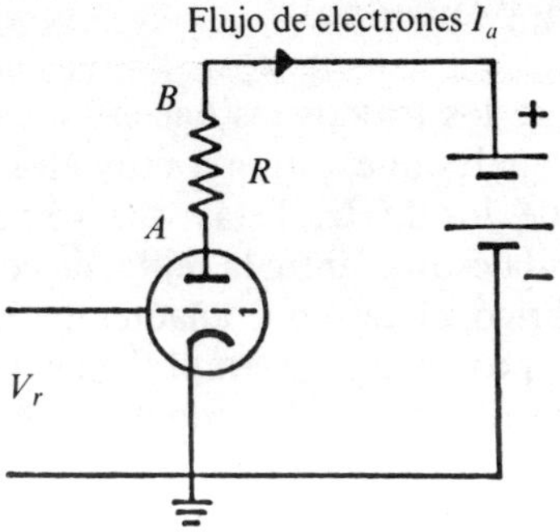

Figura 4.3

minal positivo de la batería. De modo que B tiene un potencial fijo. Si la *diferencia* de potencial entre B y A varía una cierta cantidad, el potencial real de A lo hará en el mismo valor.

El circuito de la figura 4.3 es un amplificador rudimentario.

Si la señal a amplificar se prepara para que produzca un cambio en V_r, la corriente I_a, que circula por la válvula y la resistencia R, también variará. En particular, variará la tensión en A y, si el amplificador está bien diseñado, el cambio acaecido en la tensión de A será muchas veces la variación producida en B. La señal de tensión ha sido amplificada; el máximo valor de amplificación que se puede obtener es teóricamente igual a μ, aunque en la práctica no se puede alcanzar. Esto es debido a que la presencia de R en el circuito reduce la variación de I_a para una variación dada de V_r a un valor por debajo del que se obtendría con la válvula aislada.

Cuando se diseña un amplificador, es necesario para cualquier válvula determinada elegir un valor adecuado de R y una tensión adecuada también para la batería. Esta elección se discute de forma más completa en la página 105.

En el triodo amplificador, la potencia comparativamente pequeña de la señal de entrada se aplica a la rejilla de modo que controla la cantidad mucho mayor de potencia que circula por el ánodo del circuito y, por tanto, la que circula en la carga R.

4.2. Tetrodos y pentodos

Ciertos rasgos de los triodos los hacen insatisfactorios para la amplificación de señales que varían a muy alta frecuencia, es decir, en el rango de los MHz. Estas dos ventajas se superaron insertando una rejilla espiral entre la rejilla de control y el ánodo.

Primero se fabricó el tetrodo, añadiendo la rejilla pantalla. Esto superaba los problemas de amplificación a muy altas frecuencias, pero la corriente en el tetrodo presentaba ciertas anoma-

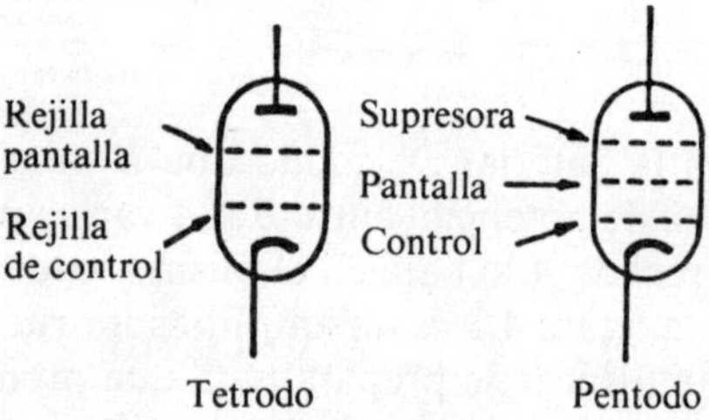

Figura 4.4

lías que condujeron a la introducción de un quinto electrodo —la rejilla supresora— y con ello a la invención del pentodo.

Además de ser satisfactorio para muy altas frecuencias, el pentodo tiene otras ventajas sobre el triodo asociadas con la forma de las curvas tensión-intensidad (las «características», que veremos en el próximo capítulo).

4.3. El transistor de unión

El transistor de unión está formado por dos diodos *pn* situados uno tan cerca del otro que la corriente que circula a través de una unión afecta a la que circula por la otra.

Las dos uniones están en realidad formadas en el mismo trozo de material semiconductor, y los portadores de carga que atraviesan una de las uniones pueden difundirse por el material sólido que interviene en la otra.

En la figura 4.5 (*a*) se ve la disposición del material semicon-

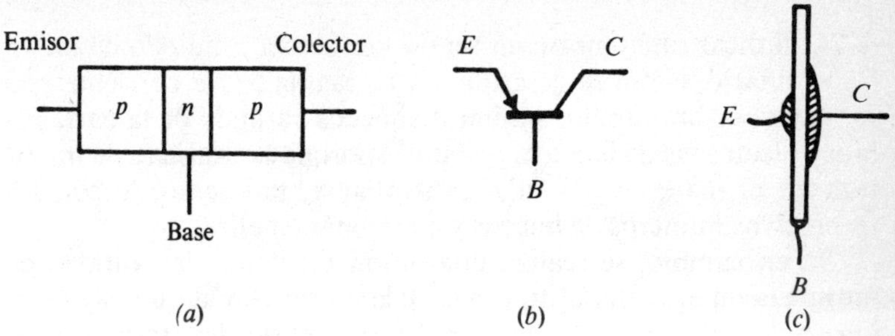

Figura 4.5

ductor del transistor de unión *pnp*, y la figura 4.5 (*b*) representa el símbolo que se utiliza en los circuitos electrónicos.

Se dopa un único trozo de material, de modo que haya dos regiones *p* separadas por una de tipo *n* extremadamente delgada. Se realiza una única conexión metálica con cada región.

La figura 4.5 (*c*) se acerca más a la escala real del transistor; el sombreado representa las conexiones eléctricas del emisor y del colector unidas a las caras planas de una oblea rectangular de semiconductor muy fina. El contacto del colector es grande, porque éste es normalmente la salida del circuito del transistor amplificador y en consecuencia soportará mayor corriente que la entrada del circuito, que normalmente contiene al emisor. El área de la oblea puede ser cualquiera desde una fracción de milímetro a varios milímetros cuadrados, dependiendo de la intensidad que se quiera que maneje el transistor. Las caras de la oblea son de tipo *p*, y la región de la base de tipo *n* es una capa extremadamente fina que las separa. El montaje completo estará encerrado en alguna cápsula para evitar el deterioro mecánico y eliminar la luz, que es similar al calor en cuanto a la producción de efectos de semiconducción intrínseca. Si se trata de un transistor de gran potencia, existirá probablemente algún radiador asociado a la cápsula, de forma que el calor sea extraído del semiconductor, principalmente de la unión del colector, y disipado al ambiente.

Examinemos ahora con algún detalle qué es lo que ocurre en la región de unión entre el emisor y la base. Comúnmente llamada unión base-emisor, o simplemente unión de emisor. De forma similar, la unión entre el colector y la base se llama a menudo unión de colector.

Al aplicar una tensión en sentido directo a un diodo de unión *pn* ordinario, como se describió en la página 54, la corriente está formada por un número similar de huecos pasando de la parte *p* a la *n* y electrones de la *n* a la *p*. Esto es porque la cantidad de impureza en el material *p* y el *n* es similar y, por tanto, lo son los respectivos números de huecos y electrones en ellos.

Si, en cambio, se realiza una unión *pn* donde la cantidad de impureza en el material tipo *p* exceda en mucho la que hay en el tipo *n*, la aplicación de una tensión en sentido directo producirá una corriente en la forma normal; pero ésta consistirá predominantemente en huecos que pasan por la unión de *p* a *n*, y un número de electrones relativamente despreciable pasando en sentido contrario. Este tipo de unión es el que hay en la unión base-emisor de un transistor *pnp*.

Si por un momento ignoramos la presencia de la unión de colector, al polarizar en sentido directo la unión de emisor (es decir, al aplicarle una tensión directa), circula una corriente estacionaria de huecos por la unión desde la región del emisor hacia la base y de ahí al terminal de base.

Bajo tales circunstancias, *X* en la figura 4.6 es un camino típico de huecos. El hueco se mueve aleatoriamente por la región de la base, pero existirá una tendencia a la difusión hacia el terminal de base, donde la concentración de huecos está siempre continuamente reducida por la extracción o neutralización de huecos realizada por el polo negativo de la batería conectado a este punto.

Antes de considerar el efecto de la presencia de la unión de co-

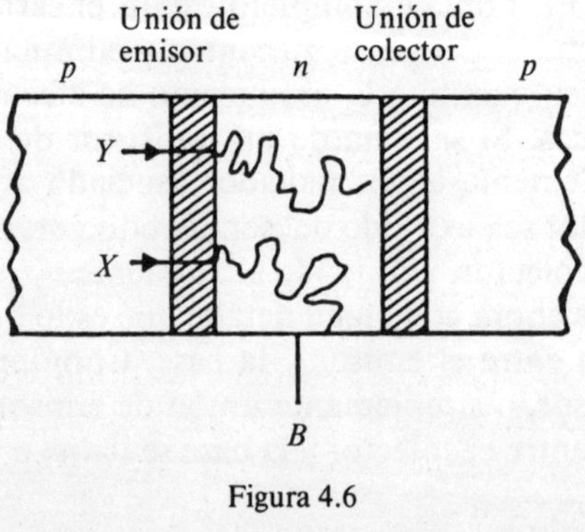

Figura 4.6

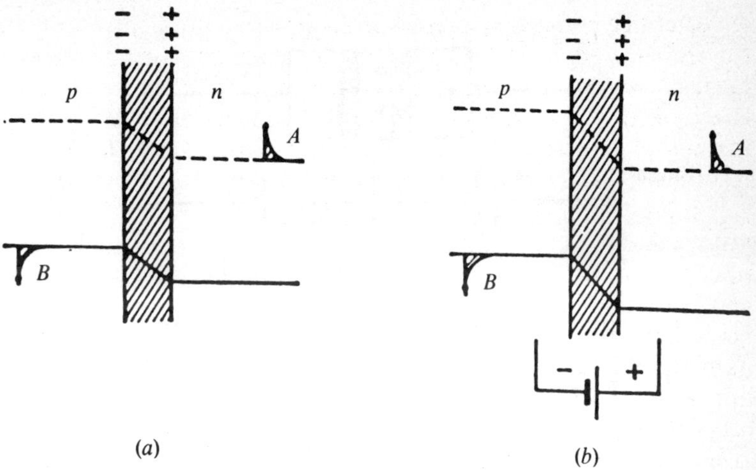

Figura 4.7

lector, revisemos la situación en una unión *pn* cuando se aplica un voltaje en sentido inverso y no circula corriente.

En la figura 4.7 (*a*) se muestra el estado de equilibrio en una unión *pn* sin tensión externa aplicada, la elevación de potencial formada de este modo se discutió en la página 75. En la figura 4.7 (*b*) se ve la misma unión polarizada en sentido inverso por una batería exterior. No se difunde ningún electrón de derecha a izquierda porque el más energético en el material de tipo *n* (*A*) no tendrá energía suficiente para remontar la elevación en caso de que llegara a la zona de transición. De modo similar, ningún hueco pasa de izquierda a derecha. No hay posibilidad de que existan electrones moviéndose de izquierda a derecha a través de la zona de transición (o de huecos que se muevan de derecha a izquierda) porque no hay electrones libres en el material *p* (o huecos libres en el *n*).

Si pudiera haber en alguna forma electrones libres en el material tipo *p* en la zona de transición (o huecos en el *n*), serían desplazados instantáneamente de un lado a otro de la unión por la elevación de potencial, que está en el sentido correcto para los portadores minoritarios. (Los portadores minoritarios son los huecos presentes por alguna razón en un semiconductor tipo *n* o electrones en uno tipo *p*.)

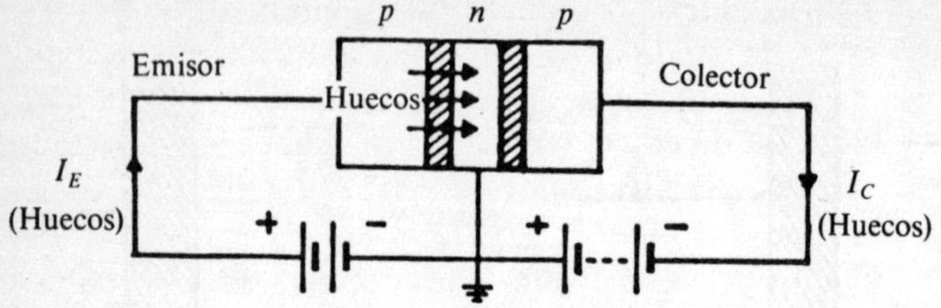

(a)

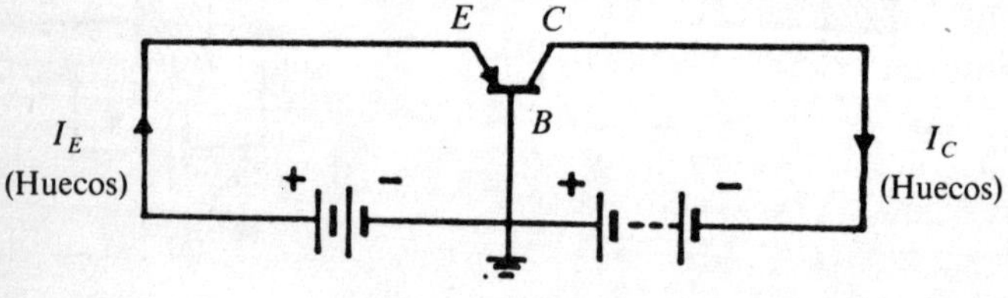

(b)

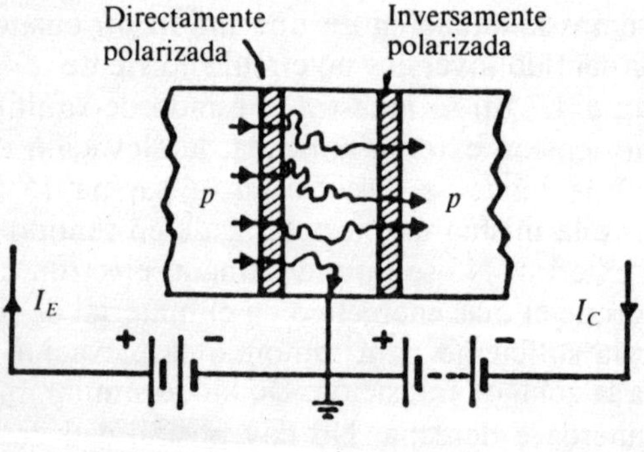

(c)

Figura 4.8

En la figura 4.8 (*a*) y (*b*) se ha dibujado un transistor *pnp* conectado a unas baterías que hacen que el emisor sea positivo y el colector negativo, respecto a la base. La unión de emisor está por tanto polarizada en sentido directo, y la de colector en sentido inverso. La corriente por la unión de emisor directamente polarizada consistirá predominantemente de huecos, como se ve.

La situación en la región de la base se muestra en mayor detalle en la figura 4.8 (*c*). Los huecos atraviesan la unión de emisor y, una vez en la región de la base, tienden a moverse aleatoriamente. A causa de la geometría de la región de base, alcanzarán el gran área de la unión de colector muchos más huecos en movimiento aleatorio de los que alcanzarán la pequeña zona del contacto de base.

Cualquier hueco que alcance la unión de colector inversamente polarizada es instantáneamente impulsado de la zona de transición a la región de colector y a continuación hacia el terminal de colector.

Un gran porcentaje de los huecos que forman la corriente de emisor I_E, encuentran el camino hacia la unión de colector, y circula así una corriente I_C en el circuito de colector, a pesar de hallarse aquélla inversamente polarizada.

En concreto, se observa que un pequeño cambio en la corriente de emisor, ΔI_E, producirá una variación correspondiente en la corriente de colector, ΔI_C.

A $\Delta I_C/\Delta I_E$ se le llama α, amplificación de corriente del transistor, y es habitualmente del orden de 0,98. Una variación de 1 mA en la corriente del circuito de emisor producirá una variación muy próxima a 1 mA en el de colector.

En la figura 4.9 se ha colocado una carga resistiva R en el circuito de colector. Cualquier cambio en la corriente de emisor producirá una variación en la de colector y, por tanto, una oscilación del potencial de A. (Nótese la similitud con el estudio del triodo en la página 82.)

La variación en la corriente de emisor se produciría por la adición de una señal de corriente a la corriente estacionaria I_E, como se muestra. La carga resistiva R puede ser realmente grande sin alterar la acción transitor, ya que está situada en serie con el

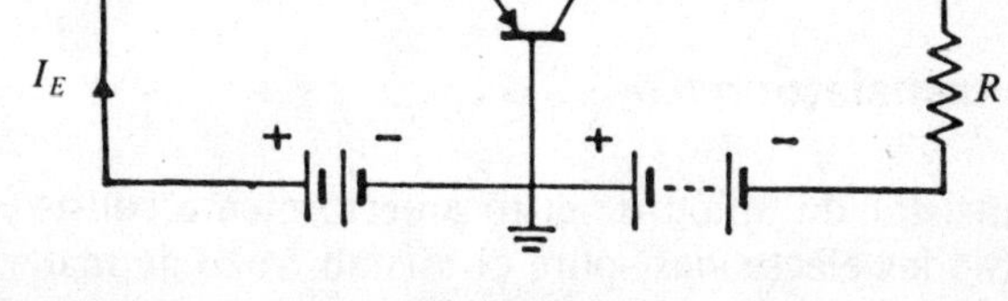

Figura 4.9

circuito de colector, el cual tiene una resistencia extremadamente alta por estar polarizado inversamente.

Una unión diodo polarizada en sentido directo constituirá una resistencia baja en cualquier circuito, puesto que una tensión pequeña, o variación de tensión, provocará una corriente considerable, o variación de corriente, en sentido directo (voltios/amperios = ohmios). Contrariamente, una unión diodo polarizada inversamente constituirá una resistencia muy grande, ya que sólo circulará una pequeñísima intensidad (teóricamente cero), y cualquier variación de tensión en sentido inverso difícilmente producirá un cambio significativo en la corriente.

Aplicando estas consideraciones a un transistor de unión adecuadamente polarizado, el circuito de emisor tendrá una resistencia baja y el de colector una resistencia muy alta.

Típicamente, una señal de tensión, digamos de 0,1 V podría disponerse de forma que produjese una variación de 1 mA en la corriente de emisor. La variación en la intensidad de colector también sería aproximadamente de 1 mA, y la resistencia de carga por la cual circularía podría ser de 5 kΩ. La variación del potencial del punto *A* sería entonces de 1 mA × 5.000 Ω = 5 V.

De modo que una variación de tensión de 0,1 V en el lado de la entrada causará una variación de 5 V en el de la salida. La amplificación de tensión, o ganancia de tensión, es de 50.

Al igual que con el triodo amplificador, los componentes del circuito y las baterías o tensiones de alimentación para realizar una función de amplificación determinada deben elegirse de modo que se adecuen al transistor que se utilice. Donde mejor se resumen las propiedades y el comportamiento detallados de una válvula o un transistor es en un conjunto de curvas llamadas «características», que se estudian en el siguiente capítulo. La utilización de las características para el diseño de un amplificador se expone en el capítulo 6.

4.4. El transistor *n p n*

El transistor de unión descrito anteriormente consiste en dos uniones diodos efectuadas sobre el mismo trozo de material sólido, de modo que la corriente en un diodo controla la corriente en

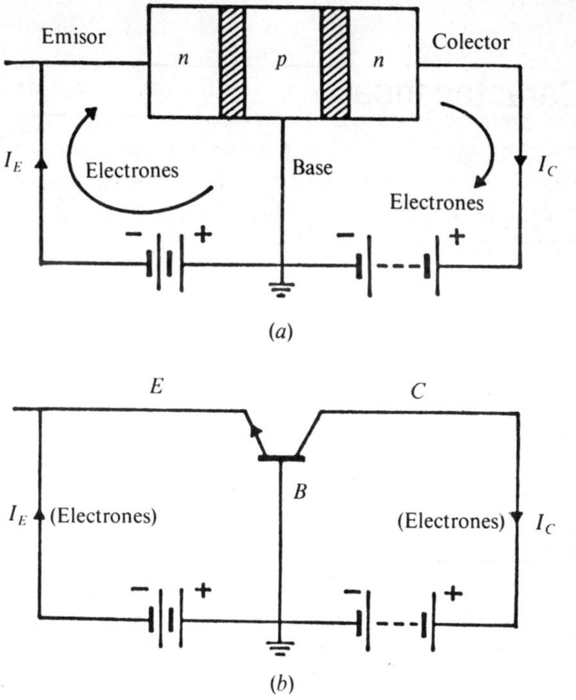

Figura 4.10

el otro. El transistor que se describió fue la disposición *pnp*, cuyo funcionamiento depende de los huecos, inyectados desde el emisor en la región de base, que se difunden en el colector.

La acción transistor se puede obtener con la disposición complementaria, que consiste de un transistor *npn* cuyo funcionamiento depende de los electrones inyectados desde el emisor en la región de base y que a continuación pasan al colector.

El símbolo para el transistor *npn* (véase figura 4.10) tiene la flecha del emisor apuntando en el sentido contrario respecto al transistor *pnp* (en ambos casos la flecha señala el sentido convencional de la circulación de corriente, es decir, de las cargas positivas). Nótese que la alimentación de tensión para los circuitos de emisor y colector tienen polaridad opuesta a las del transistor *pnp*.

5 Características

El comportamiento eléctrico completo de cualquier válvula o transistor puede describirse exponiendo la interrelación entre las corrientes y tensiones de todos sus electrodos. Estas relaciones se pueden representar convenientemente de forma gráfica, y las diferentes curvas se conocen como las «características» del componente. En principio, podrían estar disponibles todas las características para el diseñador que se proponga utilizar el componente en un circuito, pero, en la práctica, algunas de las características tienen poca influencia en el funcionamiento, y, a menudo, sólo se requiere una para poder diseñar un circuito y montarlo para realizar las pruebas de laboratorio.

5.1. Diodos

La propiedad más importante del diodo, termoiónico o de estado sólido, es que conduce la corriente en un solo sentido. En el caso ideal, la tensión aplicada en un sentido no producirá corriente a través del diodo, pero si la tensión se invierte, aparecerá un flujo de corriente que aumenta con el valor de la tensión aplicada.

Puede haber casos en los que estemos interesados en algo más que en el hecho que el diodo es unidireccional. Podemos querer conocer el modo en que la corriente directa depende de la tensión directa. Esta relación es bastante complicada, matemáticamente, y la mayoría de los problemas que requieren tal información se enfrentan gráficamente, utilizando el diagrama de I en función de V obtenido experimentalmente. Éste se llama característica del diodo.

La manera en que se presenta la relación completa I-V en el diodo termoiónico y el de unión ha sido estudiada en el capítulo 3, y las curvas teóricas son las de las páginas 69 y 77, respectivamente.

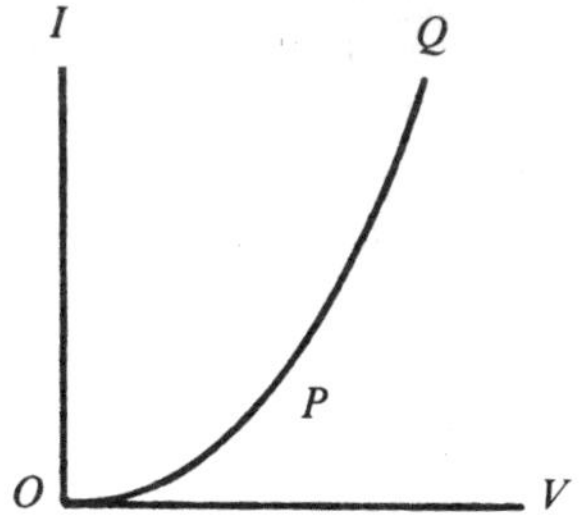

Figura 5.1

Teniendo en mente que al diodo termoiónico se le hace funcionar normalmente en la región de carga espacial, la figura 5.1 puede ser tomada para representar, con propósitos prácticos, la característica del diodo termoiónico y la del diodo de unión. La forma general será la misma para todos los diodos, pero las escalas de intensidad y tensión diferirán. Concretamente, cuanto mayor sea el diodo —de unión o termoiónico—, mayor, normalmente, será la intensidad para una tensión dada.

Se recordará que la línea OPQ es una curva. Pero la región OP se citará a menudo como la parte «curva» de la característica y la PQ como la «recta». Cuando se usan tales términos son sólo relativos.

Una característica como la de la figura 5.1 describe el comportamiento del diodo aislado. En la práctica, nos interesará más el comportamiento de un circuito que contenga este diodo y algún tipo de carga, que podemos representar por una resistencia R.

El diodo de la figura 5.2 (*a*) es una válvula termoiónica, pero los mismos argumentos son aplicables al diodo de unión, ilustrado en la figura 5.2 (*b*). La tensión de la batería es V_B, la tensión en el

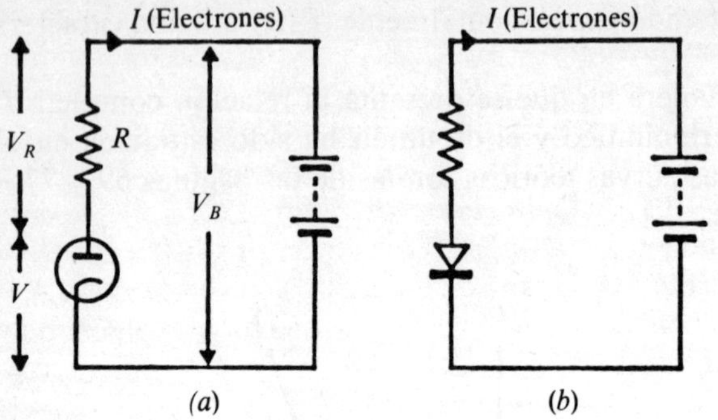

Figura 5.2

diodo es V y V_R la caída de tensión en la resistencia. La corriente en el circuito es I.

$$V_B = V + V_R = V + IR$$

$$V = V_B - IR$$

Hay dos variables en la ecuación: V e I, siendo V_B y R constantes en el circuito descrito. De modo que esta ecuación puede representarse como una línea recta en la gráfica de I en función de V. En concreto, puede representarse en una gráfica que muestre además la característica del diodo utilizado en el circuito (véase la figura 5.3).

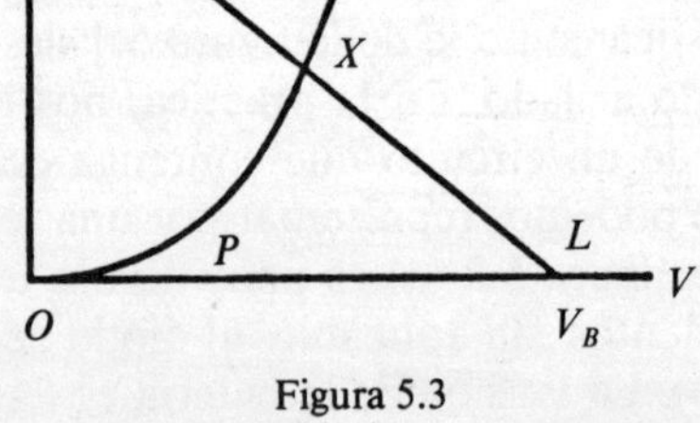

Figura 5.3

OPQ es la característica del diodo y LM es la línea que representa la evuación $V = V_B - IR$. Esta línea se denomina recta de carga para la resistencia R.

La recta de carga se dibuja fijando el punto L en el eje de tensión en un valor igual a V_B (que es el valor de V en la ecuación cuando $I = 0$) y fijando el otro extremo M en el eje de corriente en la cantidad $I = V_B/R$ (que es el valor de I para $V = 0$).

La corriente y la tensión en el circuito con la carga R y la batería V_B deben estar siempre representadas por algún punto de la línea LM.

Pero la tensión e intensidad en el diodo concreto utilizado en el circuito tienen que estar representadas siempre por algún punto de su característica OPQ.

El punto X de intersección de la característica y la recta de carga es el único punto que satisface simultáneamente ambos registros. Este punto describirá la situación real en el circuito y se llama punto de trabajo o de funcionamiento del circuito.

Con X como punto de trabajo (figura 5.4), la intensidad que circula por el circuito, y en particular por el diodo y la resistencia de carga, vendrá dada por OD. La tensión correspondiente en el diodo está dada por OC, y la tensión en la carga debida a la corriente que circula por ella queda indicada por CL. La tensión de la batería está representada por OL.

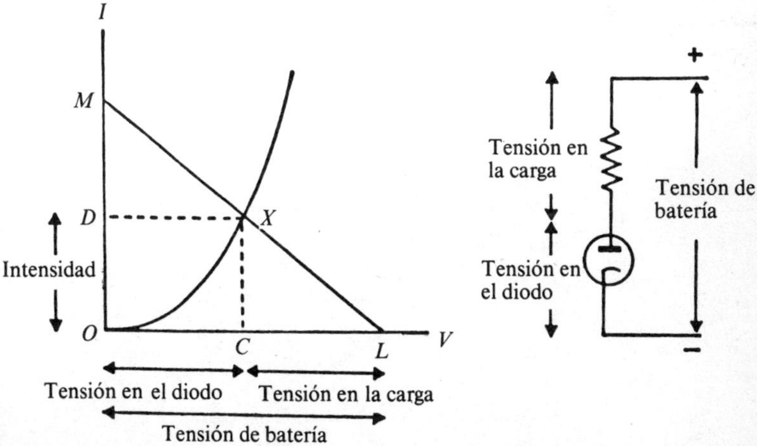

Figura 5.4

En la página siguiente se ha reproducido la característica del diodo usado en la figura 5.4.

Sobre esta característica construýase la línea de carga para una resistencia de 2.000 Ω y una batería de 50 V. A continuación, determínese la corriente en el circuito, las tensiones en el diodo y la resistencia de carga.

Supóngase que se cambiara la resistencia de carga por una de 5.000 Ω. Dibujar la nueva recta de carga, y hallar cuál sería ahora la intensidad en el circuito y la tensión en la carga.

Repítase para una resistencia de 1.250 Ω.

Suponer que se restituyese la carga inicial de 2.000 Ω, pero que la tensión de alimentación cambiara de 50 a 20 V. Dibujar la nueva línea de carga (véase figura 5.5).

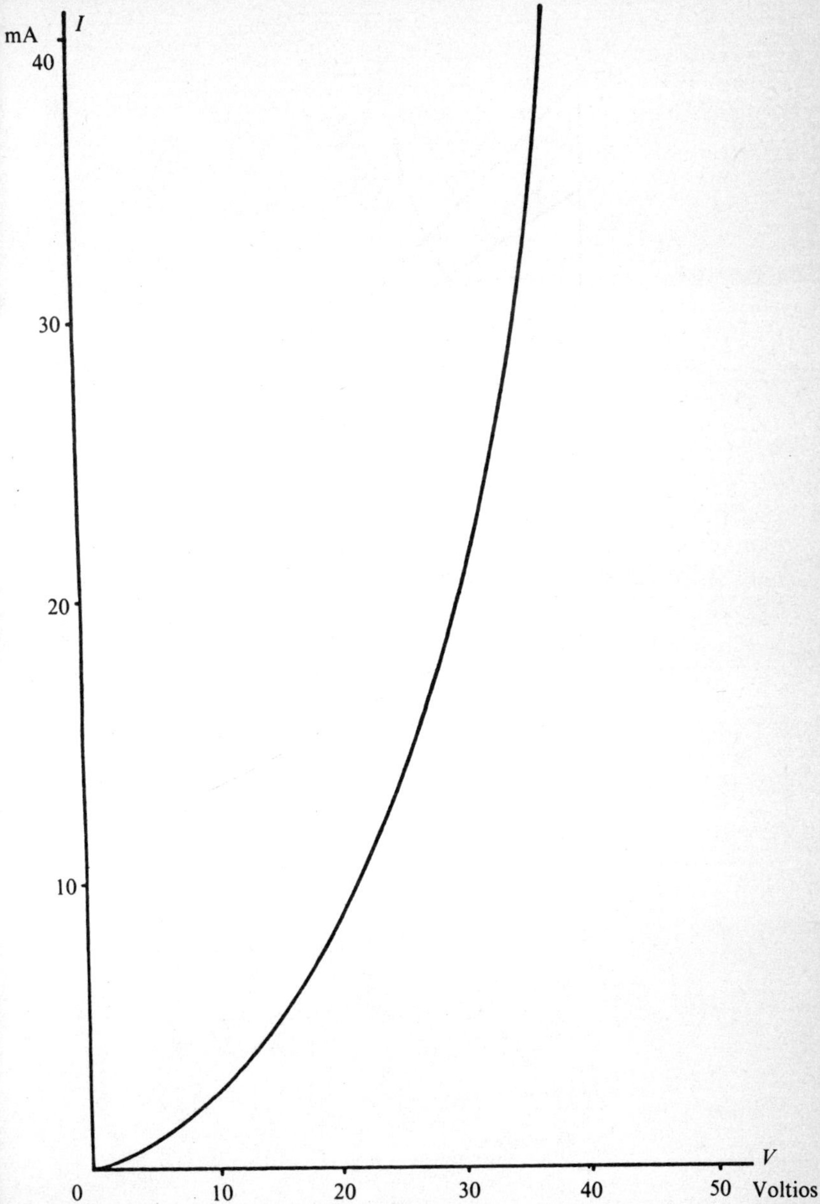

Figura 5.5

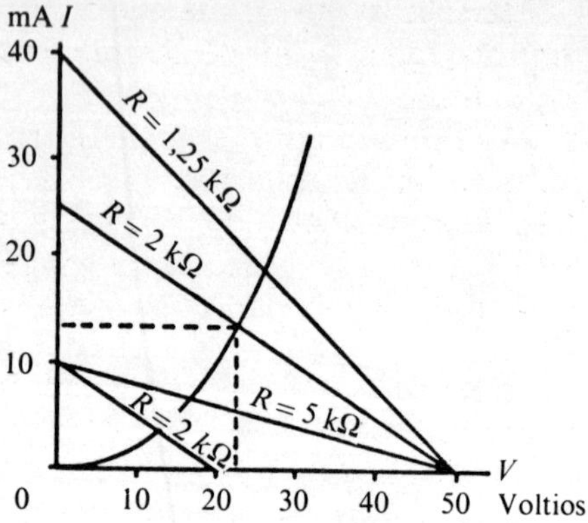

Figura 5.6

Compruébense las conclusiones generales: a menor resistencia, más vertical es la línea de carga, y que las líneas de carga dibujadas para igual resistencia pero diferentes tensiones de alimentación son paralelas.

V_B	R	I (mA)	V_D	V_R
50	2.000	13,0	24	26
50	5.000	6,4	18	32
50	1.250	17,4	28	22
20	2.000	4,0	12	8

(De la figura 5.5.)

En la página siguiente se muestra la característica *OT* de un diodo. En el mismo diagrama, la línea *OD* representa la característica de un diodo «ideal».

Considerando el mismo circuito sencillo anterior —es decir, diodo, resistencia y tensión de alimentación en serie—, dibujar la línea de carga para una resistencia de 2.500 Ω y una tensión de alimentación de 15 V. Marcar el punto de trabajo resultante sobre la característica «ideal» *OD* y llamarlo *C*, y sobre la característica «real» *OT* llamándolo *S*.

Ahora dibújense otras dos líneas de carga para la misma resistencia pero para tensiones de alimentación de 10 y 5 V. Marcar los puntos de trabajo en la característica ideal como *A* y *B*, y como *Q* y *P* en la real, respectivamente.

A continuación, hallar la variación producida en la corriente por una variación de tensión de 15 a 10 V (*a*) con la característica ideal y (*b*) con la curva característica real.

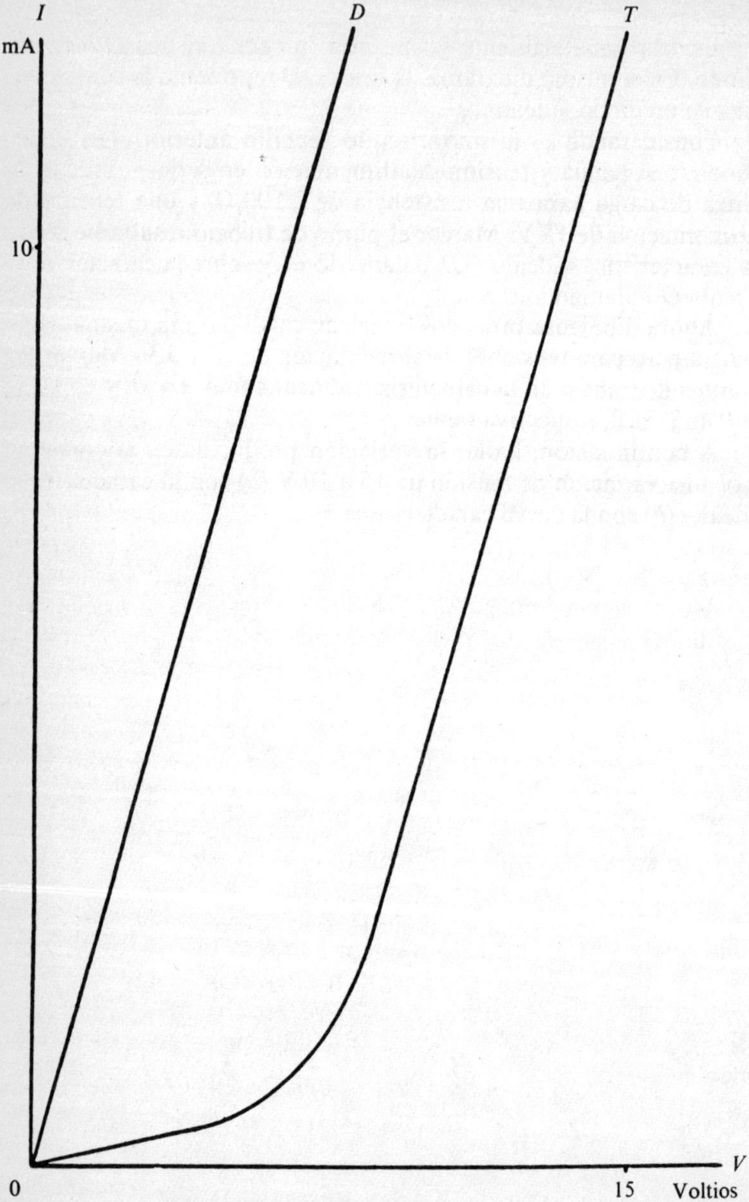

Figura 5.7

Con la característica recta ideal se produce el mismo cambio en la corriente para cualquier variación de 5 V en la tensión de alimentación, por ejemplo, los cambios de 15 a 10 y el de 10 a 5 V provocan ambos la misma variación de corriente en el circuito.

Pero la característica real es curva, y en consecuencia el cambio de la tensión de alimentación de 15 a 10 V producirá una variación mucho mayor en la intensidad que el cambio de 10 a 5 V.

Esta no linealidad tiene importancia frecuentemente en el caso de los diodos, y también con triodos, pentodos y transistores (véase páginas 105-111). Ocasionalmente, produce efectos buscados, tales como la posibilidad de mezclar dos señales de diferente frecuencia y extraer la diferencia de frecuencias, pero más a menudo es la causa de una distorsión indeseada.

Supongamos, por ejemplo, que la tensión de alimentación no fuera tomada de una batería, sino de una fuente que produjera una variación sinusoidal con el tiempo entre 15 y 5 V, como se muestra en la figura 5.9 (*a*).

Utilizando la recta de carga de 2.500 Ω y la característica curva del último ejemplo (figura 5.8), el punto de trabajo se trasladaría hacia arriba y hacia abajo sobre la característica entre los puntos *P*, *Q* y *S*, y la corriente resultante en el circuito será como la de la figura 5.9 (*b*).

Los semiciclos de intensidad superiores serán semiondas sinusoidales aproximadamente y serán desde luego mayores que los semiciclos inferiores, que estarán achatados. La forma de onda de la corriente es una versión distorsionada de la tensión de alimentación.

Si se puede conseguir que el punto de trabajo permanezca en una zona razonablemente recta de la característica, digamos, sobre *S*, la distorsión es más reducida. En el ejemplo examinado, si se redujera la carga de 2.500 a 1.500 Ω y se confinase la variación de tensión entre 15 y 10 V, se tendría una forma de onda de intensidad mucho menos distorsionada.

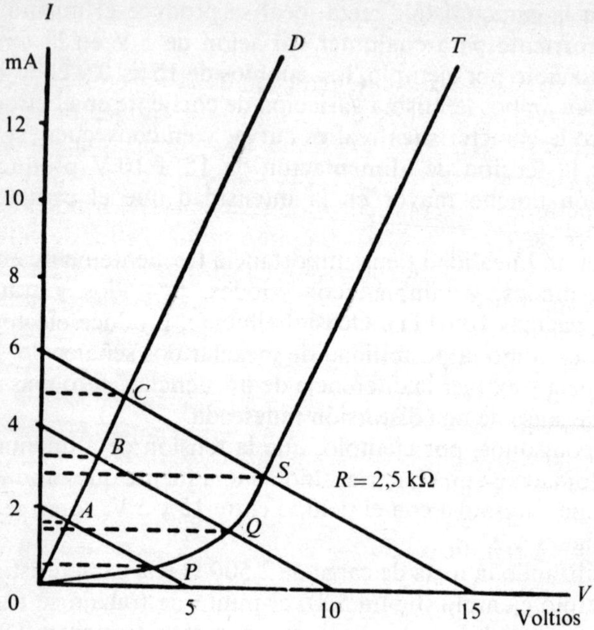

Figura 5.8

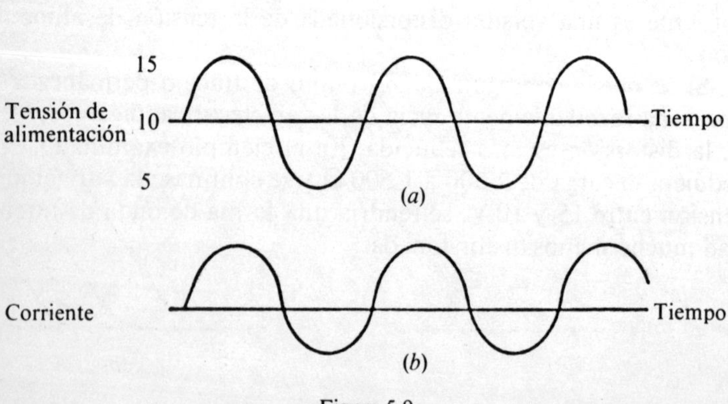

Figura 5.9

5.2. Triodo termoiónico

En el triodo, la corriente depende de la tensión entre ánodo y cátodo (como en el diodo de vacío), pero también depende de la existente entre la rejilla y el cátodo. El comportamiento del diodo se representa en una característica con dos ejes coordenados, I_a y V_a. Se podría representar el comportamiento del triodo añadiendo un tercer eje para V_r, obteniendo una característica de válvula tridimensional. Una característica de este tipo es una forma sólida interesante, pero es difícil de manejar y comprender. En lugar de ello, las propiedades del triodo se representan normalmente sobre un par de características bidimensionales (véase figura 5.10).

Las tensiones V_a y V_r son con respecto al cátodo de la válvula, que normalmente se mantiene al potencial de tierra, es decir, cero, cuando se determinan las características.

En la figura 5.10 (*a*) se muestra la forma en que I_a varía con V_a para varios valores fijos de V_r. Normalmente no se permite un valor positivo significativo para la tensión de la rejilla con respecto al cátodo en un triodo porque está tan cerca del cátodo que atraería una gran fracción de la corriente de electrones que se pretende que cruce la válvula hasta el ánodo.

Nótese que, cuando la rejilla es negativa, el ánodo puede ser

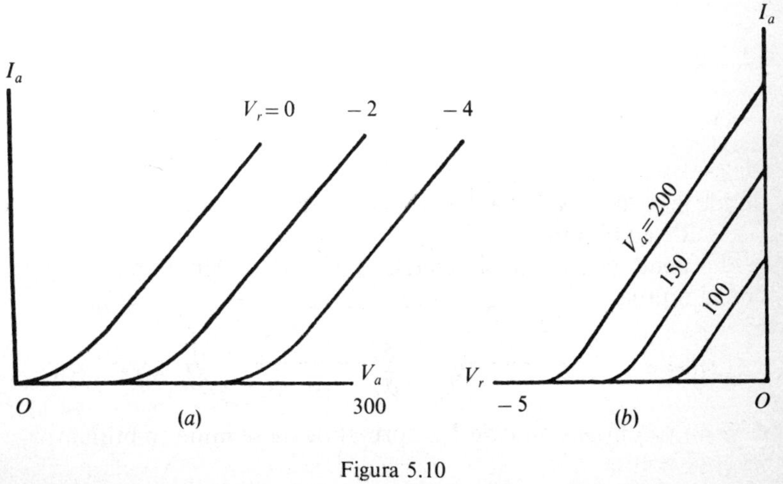

Figura 5.10

bastante positivo sin que exista corriente hacia él. Por ejemplo, la característica de $V_r = -4$ corta el eje de tensión en la gráfica $I_a - V_a$ a unos 100 V, y en este punto es $I_a = 0$. Se dice que la válvula está «cortada».

En la figura 5.10 (*b*) se ve cómo varía I_a con V_r para varios valores fijos de V_a en el mismo triodo.

Observar que cada diagrama contiene una familia de curvas, en vez de una sola, y que por tanto gran parte de la información de un conjunto de características está también contenida en el otro.

En general, utilizaremos más las características $I_a - V_a$ que las otras.

Ambos grupos de características tienen regiones en las que son prácticamente rectas y paralelas, y otras en donde son curvas. En un amplificador, el circuito se diseña normalmente de modo que la válvula funcione en la zona recta y paralela. Bajo tales circunstancias, es la pendiente de las características lo que importa y, ya que es la misma para toda una familia de curvas en una misma región, puede darse simplemente como un número. Este número dado para una válvula concreta se llama «constante de válvula».

La pendiente de la característica $I_a - V_a$ se llama conductancia diferencial de ánodo,

$$g_a = \frac{\Delta I_a}{\Delta V_a}$$

para un valor de V_r constante.

$$g_a = \frac{1}{r_a}$$

donde r_a es la resistencia diferencial de ánodo, o resistencia de c.a., y se mide en ohmios.

La pendiente de la característica $I_a - V_r$ se denomina conductancia mutua.

$$g_m = \frac{\Delta I_a}{\Delta V_r}$$

para un valor constante de V_a, normalmente se mide en miliamperios por voltio.

5.3. Triodo con recta de carga

Si la tensión de la rejilla varía, lo hará también la corriente en la válvula. En la figura 5.11 se ha incluido una carga resistiva en el circuito. Hemos visto (Ap. 4.1) que una señal de tensión aplicada al circuito para provocar una variación de V_r, causará también una variación en I_a y, por tanto, la caída de potencial en R. El cambio en el potencial de A puede ser muchas veces mayor que el que se produce en el potencial de la rejilla a causa de la señal de tensión.

De este modo, se consigue la amplificación cuyo valor máximo teórico es μ, el propio factor de amplificación de la válvula. La

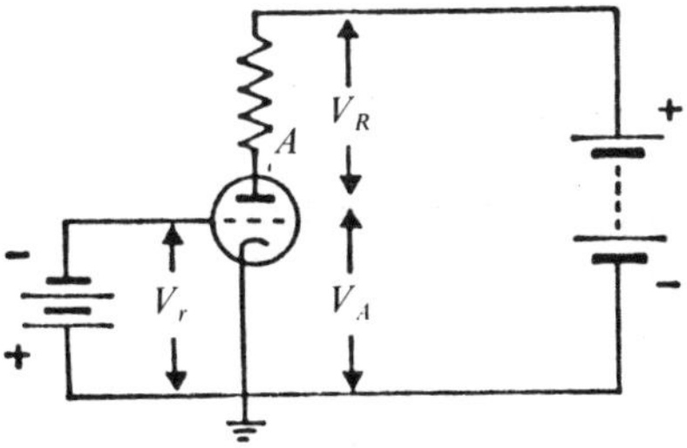

Figura 5.11

amplificación que se obtiene realmente depende de R, y veremos a continuación cómo utilizar la característica $I_a - V_a$ del triodo y su recta de carga para elegir el valor más adecuado de la resistencia de carga bajo diferentes circunstancias.

En la figura 5.12, BC es la línea de carga para una resistencia de 10.000 Ω y una tensión de batería de 250 V, dibujada sobre la característica $I_a - V_a$ de un triodo. Se dibuja, de la misma forma que la recta de carga, sobre la característica del diodo (véase figura 5.3). Un extremo de la recta está fijado por la tensión de la batería y el otro por esta tensión dividida por la resistencia (250/10 kΩ = 25 mA).

Si el eje de intensidad no alcanza valores suficientemente altos para poder marcar el punto C, se puede dibujar la recta de carga fijando B como antes y a continuación dibujando una línea con la pendiente apropiada, es decir, tal que un incremento de tensión en

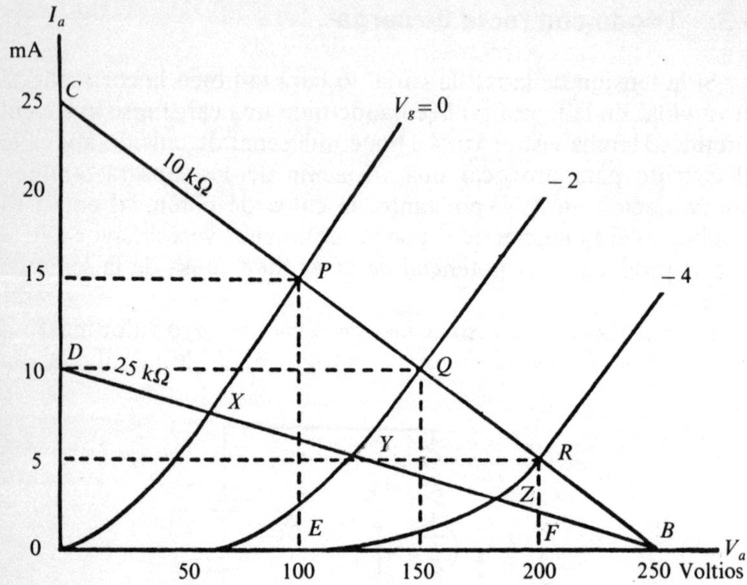

Figura 5.12

la recta dividido por el incremento de intensidad correspondiente dé la resistencia correcta. Éste sería el método para dibujar una recta de carga de 1.000 Ω en la característica anterior.

Si nos referimos nuevamente a la recta de 10 kΩ, los puntos *P*, *Q* y *R* de intersección con las características 0, – 2 y – 4 proporcionan las condiciones en el circuito para estos tres valores de tensión de rejilla.

Si la tensión de rejilla se hace – 4, el punto de trabajo es *R*. Habría una corriente de 5 mA circulando por el circuito, y el potencial en el punto *A* donde se unen la resistencia y el ánodo será de 200 V (*F*). Si se modifica la tensión de rejilla por – 2, el nuevo punto de trabajo es *Q*, y si se hace 0, el punto de trabajo será *P*, con una corriente de 15 mA y un potencial en el ánodo de 100 V (*E*).

Una variación de 4 V en la tensión de rejilla provoca una variación de 10 mA en la intensidad y de 100 V en el potencial del ánodo. La amplificación es de 25 veces la tensión de entrada.

Si se hace variar de forma continua la tensión en la rejilla entre 0 y -4 V, el punto de trabajo se moverá por la recta de carga entre P y R repetidamente. Si se hace esta variación de forma sinusoidal, con el tiempo, aplicando una tensión alterna a la rejilla, la corriente variará sinusoidalmente entre 15 y 5 mA, y la tensión de ánodo lo hará entre 100 y 200 V (véase figura 5.13).

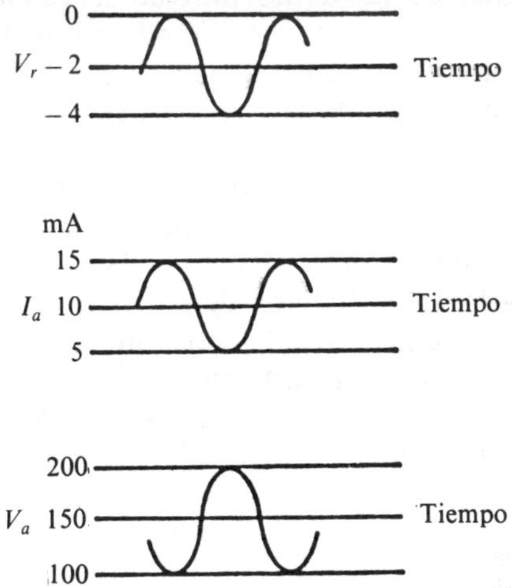

Figura 5.13

La variación de la tensión del ánodo, que será la señal de salida en un amplificador, es mayor que la variación de la tensión de la rejilla, que será la señal de entrada. Ambas tendrán forma sinusoidal, estando la del ánodo desfasada 180° respecto de la tensión de la rejilla.

Dado que las dos formas de onda de tensión son sinusoidales, se dice que la amplificación no tiene distorsión. No existe distorsión porque los desplazamientos del punto de trabajo a lo largo de la recta de carga nunca lo llevan fuera de la región recta de las características. En cualquier lugar de esta zona una variación dada de la tensión de rejilla produce la misma variación en la corriente.

No hubiera sido esto así si la resistencia de carga hubiera sido de 25.000 Ω, y la tensión de rejilla se hubiese mantenido entre 0 y

– 4 V. La recta de carga hubiera sido ahora la *BD*, y las excursiones del punto de trabajo se habrían producido entre *X* y *Z*; y *Z* cae claramente en la región curva.

Bajo tales circunstancias, la variación de tensión de rejilla de – 4 a – 2 V provocaría un cambio menor en la intensidad que la misma variación para la tensión de rejilla entre – 2 y 0 V. Existiría igualmente un cambio menor en la tensión de ánodo, y el semiciclo de salida debido al movimiento del punto de trabajo entre *Y* y *Z* sería menor que el obtenido para un movimiento de *Y* a *X*. La amplificación será mayor que la obtenida para la carga de 10.000 Ω, pero la salida será una versión distorsionada de la entrada.

Cuanto mayor sea la curvatura de las características, mayor será la distorsión. En determinadas aplicaciones de los amplificadores se puede tolerar una distorsión mayor que en otras y los circuitos se diseñarán en función de esto. Incluso las partes «rectas» de las características son ligeramente curvas, de modo que siempre existe distorsión en cierta medida.

En el ejemplo recientemente expuesto de la carga de 25 kΩ, una señal que produzca una fluctuación de 4 V en la tensión de rejilla da distorsión. Si, en cambio, quisiéramos amplificar una señal que realizase una excursión de 2 V en total en lugar de 4 V, se podría conseguir sin una distorsión significativa variando la tensión de la rejilla de 0 a – 2 V. El punto de trabajo se movería ahora entre *X* e *Y*, siempre en la región recta.

5.4. Características del pentodo con recta de carga

En el capítulo 4 hemos visto que un pentodo es esencialmente un triodo con dos rejillas adicionales que mejoran sus propiedades. Generalmente, los nuevos electrodos se mantienen a tensiones fijas y el funcionamiento del pentodo es el mismo que el del triodo, es decir, tensiones variables aplicadas a la rejilla de control producen variaciones en la corriente de la válvula y, por tanto, variaciones amplificadas de tensión en el ánodo.

Aunque las características $I_a - V_a$ para el pentodo son muy diferentes de las del triodo, la recta de carga se utiliza exactamente

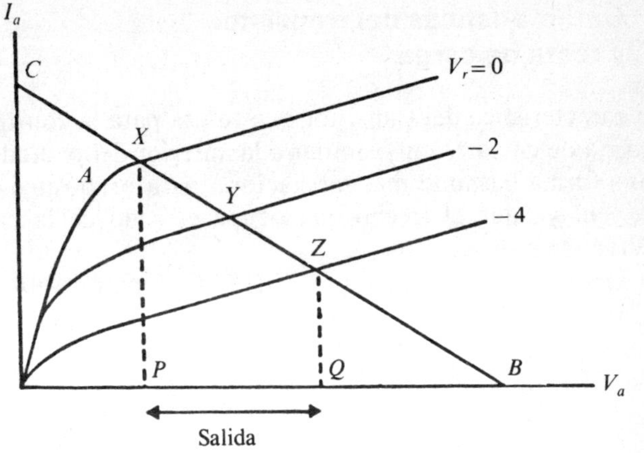

Figura 5.14

de la misma manera para saber cómo se comportará el circuito cuando haya una carga resistiva en serie con la válvula. Las características $I_a - V_a$ del pentodo de la figura 5.14 tienen una región «curva» y otra «recta», siendo las zonas rectas del conjunto mucho más aproximadamente paralelas al eje de tensión que en el triodo. La recta de carga BC dibujada corta las características en la zona recta, pero una resistencia mayor podría haber dado una recta que cortara a la característica para $V_r = 0$ en la parte curva en o por debajo del codo A de la curva.

Típicamente, un amplificador que utilice un pentodo podría tener una señal de entrada de tensión que hiciera variar el potencial de la rejilla entre 0 y -4 V. El punto de trabajo se movería entonces a lo largo de la línea XYZ, y el potencial del ánodo variaría entre los valores dados por P y Q. De este modo la variación de la tensión de entrada sería de 4 V y la de la salida PQ podría ser del orden de 150 V.

Nótese que la pendiente de la característica $I_a - V_a$ del pentodo en la región recta es tal que la r_a de la válvula,

$$r_a = \frac{\Delta V_a}{\Delta I_a}, \text{ para una } V_r \text{ dada}$$

es tremendamente grande comparada con la del triodo.

5.5. Características del transistor y recta de carga

La característica del transistor que se usa para la construcción de la recta de carga es muy similar a la anterior del pentodo, pero con una forma bastante más satisfactoria para propósitos de amplificación, ya que el trecho que ocupa el codo de la curva es corto.

La figura 5.15 es la característica de $I_C - V_C$ para varios valores

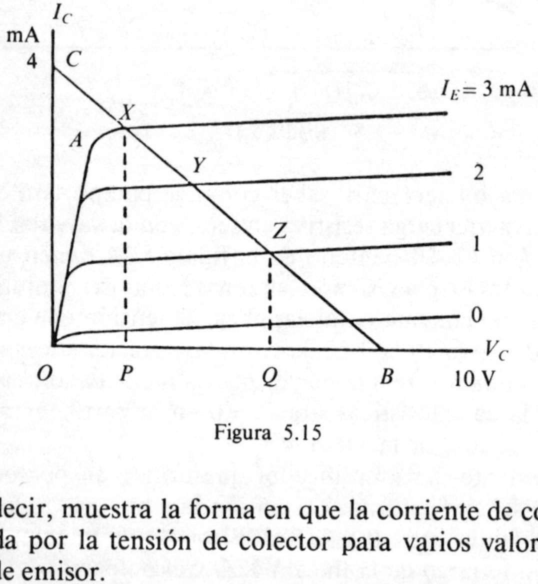

Figura 5.15

de I_E, es decir, muestra la forma en que la corriente de colector se ve afectada por la tensión de colector para varios valores de intensidad de emisor.

En la región normal de trabajo del transistor, donde las características son rectas y paralelas, la tensión de colector tiene poca influencia relativamente sobre la intensidad de colector, la cual está fuertemente determinada por la corriente de emisor.

Las corrientes de colector y emisor son prácticamente iguales, y una variación de 1 mA en la intensidad de emisor provocará una variación en la corriente de colector de casi 1 mA, es decir, el factor de amplificación de corriente es casi la unidad ($\alpha = 0{,}98$).

Existe una pequeña corriente de colector incluso cuando $I_E = 0$. La unión de colector está inversamente polarizada, y la intensidad que circula cuando $I_E = 0$ es aquella que se podría esperar que circulara en una unión diodo inversamente polarizada (véase el apartado 3.4).

La recta de carga BC se dibuja de la forma ordinaria, es decir, el punto B es la tensión de batería o alimentación y el C la tensión de batería dividida por R, la resistencia de carga conectada en serie entre el colector y la batería. Si se hace variar I_E entre 1 y 3 mA por la aplicación de una señal de corriente, entonces también variará I_C, y el potencial del colector del transistor al que está conectada R también lo hará en PQ voltios.

La variación de la señal de corriente estará causada por una pequeña señal de tensión mucho menor que PQ —y, por tanto, el amplificador tendrá una ganancia de tensión.

Mientras el punto de trabajo permanezca en la zona recta de las características, habrá una distorsión despreciable. Si, no obstante, se utiliza una resistencia de carga demasiado grande, la recta de carga cortará las características en la región OA y aparecerá distorsión. Pero incluso con tal recta de carga, puede obtenerse amplificación sin distorsión, suponiendo que la señal a manejar es pequeña y sólo hace que el punto de funcionamiento se mueva por la recta de carga en la zona recta de las características.

5.6. Otras características

Al principio de este capítulo se dijo que, a pesar de que se requería un conjunto completo de curvas características para describir completamente el comportamiento de una válvula o un transistor, una única familia podría bastar para un primer diseño de un circuito electrónico. Las características $I_a - V_a$ o $I_C - V_C$ se utilizaron para explicar el funcionamiento de un circuito con una carga en serie con la válvula o el transistor, y la discusión se centró en la cuestión de la amplificación, que se tratará con más detalle en el capítulo 6.

Se vio también (Ap. 5.2) que la información contenida en el conjunto de características $I_a - V_a$ podía presentarse alternativamente por las características $I_a - V_r$. De forma similar, las curvas $I_C - V_C$ dibujadas para varios valores fijos de I_E podían representarse como un conjunto de curvas $I_C - I_E$ para valores fijos de V_C.

Un conjunto de curvas como éste —casi líneas rectas— se conoce a veces como las características de transferencia directa de un transistor. Ocasionalmente, tratando con transistores, puede ser útil otra característica. Algunas veces se le llama característica de entrada y es una gráfica que representa la corriente de emisor en función de la tensión de emisor para valores fijos de tensión de colector. Esto, por ejemplo, permitiría valorar el efecto producido por una señal de tensión aplicada entre el emisor y la base en términos de la intensidad de emisor producida, y por lo tanto la correspondiente corriente de colector y la variación de tensión en la carga.

Las principales características utilizadas serán, sin embargo, aquellas que se han discutido en este capítulo, y su manejo junto con la recta de carga será importante para el subsiguiente estudio de la amplificación, la conmutación y la generación de pulsos. En algunas de las aplicaciones se utilizará el transistor de una manera ligreramente distinta de la que se esperaría por lo dicho hasta aquí. Consecuentemente, la característica usada será ligeramente diferente; pero comprobaremos que todas las ideas acerca de recta de carga, punto de trabajo y distorsión pueden aplicarse rápida y fácilmente en las nuevas circunstancias.

6 Amplificación

El principal propósito de la amplificación es tomar una señal de, digamos, una antena, o un sistema de tocadiscos estéreo, o una fotocélula y amplificarla de modo que pueda ser utilizada para hacer funcionar alguna carga como un altavoz o un motor.

Un transformador convertirá una pequeña señal de tensión alterna en otra mayor, pero sólo a expensas de una reducción de la intensidad asociada correspondiente, de modo que la potencia en el lado de la salida sea la misma que en el de la entrada (en la práctica, habrá algunas pérdidas de corriente en el transformador). Si, en cambio, una señal de corriente o tensión se quiere aumentar sin una reducción correspondiente de la tensión o la intensidad respectivamente, deberá utilizarse un elemento activo, tal como una válvula o un transistor, de forma que en conjunto se obtiene una ganancia de potencia entre la entrada y la salida.

En los capítulos precedentes hemos visto que esto se puede conseguir haciendo que la tensión o la corriente eléctrica de un circuito controle la cantidad de intensidad suministrada por una batería u otra fuente de potencia a una carga en otro circuito. La señal eléctrica aplicada al circuito de rejilla, o de emisor, controla la intensidad que circula en el circuito de ánodo, o de colector, que contiene a la carga. En este capítulo estudiaremos los circuitos amplificadores, y veremos la razón de ser de otros componentes que deben utilizarse junto con la válvula o el transistor en los equipos reales.

6.1. Configuraciones estándar de amplificación

Hasta ahora, cuando hemos considerado el uso de las válvulas o los transistores como amplificadores, la entrada del circuito se ha conectado entre la rejilla y el cátodo, o entre el emisor y la base, y la salida del circuito lo ha sido entre el ánodo y el cátodo, o el colector y base. Por ello, en la válvula se ha tomado el cátodo como electrodo común a los circuitos de salida y entrada, y en el transistor como amplificador ha sido la base el electrodo común.

La amplificación puede conseguirse satisfactoriamente con la rejilla o el emisor como electrodos comunes. La entrada se aplica entonces al cátodo (es decir, entre cátodo y rejilla) o a la base (o lo que es lo mismo, entre base y emisor), y la salida del circuito es el ánodo y la rejilla o entre colector y emisor.

En principio, cualquiera de estas configuraciones proporcionará una buena amplificación, pero hay ciertas ventajas secundarias en elegir una frente a la otra. El amplificador de válvula usado normalmente presenta la conexión de cátodo común que hemos visto en las discusiones anteriores acerca del comportamiento del triodo y el pentodo. Pero el amplificador de transistor usual tiene la configuración de emisor común que acaba de ser mencionada por primera vez.

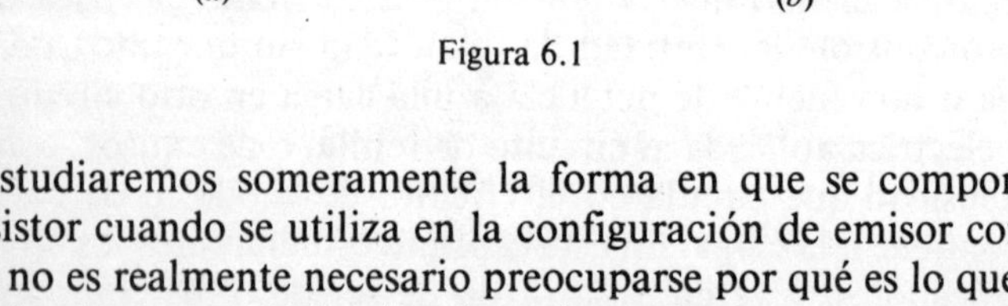

Figura 6.1

Estudiaremos someramente la forma en que se comporta el transistor cuando se utiliza en la configuración de emisor común. Pero no es realmente necesario preocuparse por qué es lo que está ocurriendo dentro de la válvula o el transistor cuando nos disponemos a realizar el diseño de un circuito. Las curvas características apropiadas suministran toda la información necesaria, y no se necesita considerar ningún otro detalle del comportamiento de la válvula o el transistor hasta que, quizá, se contemplen refinamientos del diseño original.

Normalmente, la unión interna de emisor-base del transistor está polarizada en sentido directo, y hay una inyeción de portadores de carga en la región de base procedentes del emisor (huecos en el transistor *pnp* y electrones en el *npn*). Casi todos estos portadores atraviesan la base hasta el colector, y sólo unos pocos alcanzan el terminal de base. En la figura 6.1 (*a*), de 100 portadores que entran por el terminal de emisor, 98 salen por el de colector, y el factor de amplificación de corriente del emisor al colector es, por tanto, 0,98. En la figura 6.1 (*b*) sigue ocurriendo lo mismo, pero se puede ver que, con esta configuración, una señal aplicada entre la base y el emisor de forma que produzca una cierta variación en I_B provocará una variación en I_C, y que el factor de amplificación de corriente entre base y colector es de 50.

Si se toma un conjunto de características $I_C - V_C$ para el estado de emisor común, tendrá la misma apariencia general que las de la configuración de base común, pero las escalas de corriente de colector serán tales que la variación de ésta para una variación dada de I_B será mucho mayor que la producida para la misma variación de I_C.

Diseñaremos ahora un amplificador de transistor en emisor común y un amplificador con pentodo utilizando las características apropiadas (véase figura 6.2 (*a*) y (*b*)).

Las características del transistor muestran la forma en que varía la corriente de colector con la tensión que se le aplica para valores fijos de corriente de base. En la de la válvula se ve la variación de corriente de ánodo con la tensión del cátodo para varios valores fijos de tensión en la rejilla de control.

En la válvula, V_a será positiva con respecto al cátodo e I_a será una corriente de electrones circulando del cátodo al ánodo, V_r será negativa respecto al cátodo y el ánodo estará conectado, a través de la carga, al lado positivo de la tensión de alimentación.

El transistor utilizado en el amplificador puede ser tanto uno tipo *pnp* como uno *npn*. En cada caso, los portadores de carga apropiados entran en el transistor por el emisor y en su mayoría lo abandonan por el colector, yéndose una pequeña parte de ellos por la base. I_E estará formada por portadores de carga entrando en el transistor, e I_C, así como I_B, serán portadores abandonando el

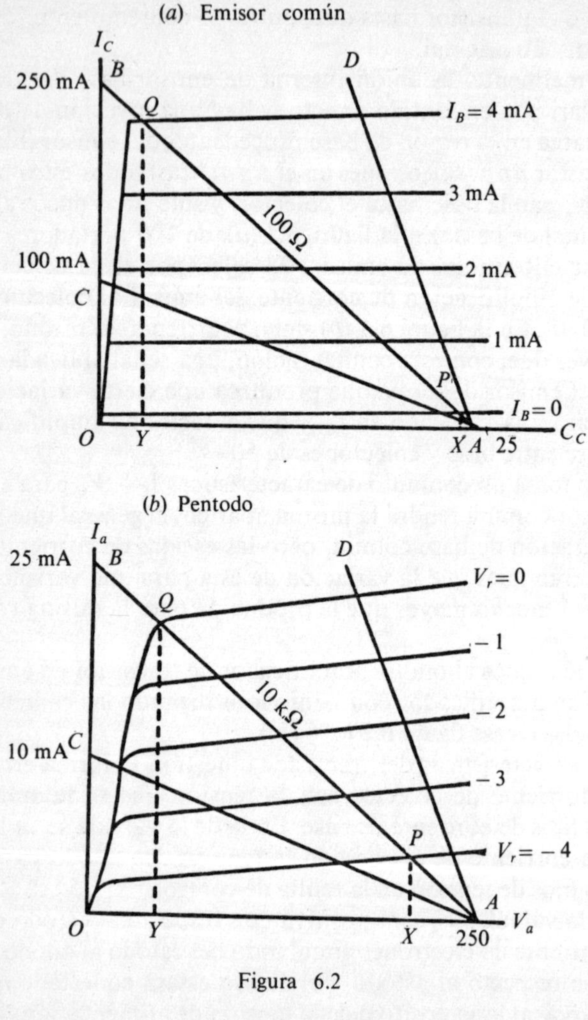

Figura 6.2

transistor. En el transistor *pnp* los portadores serán huecos y en el *npn* electrones. El transistor *pnp* tendrá su colector conectado a través de la carga al terminal negativo de la fuente de a.t. y el colector del *npn* estará conectado de igual modo a la alimentación de tensión positiva.

En el amplificador de válvula (figura 6.3 (*a*)), cuando el valor

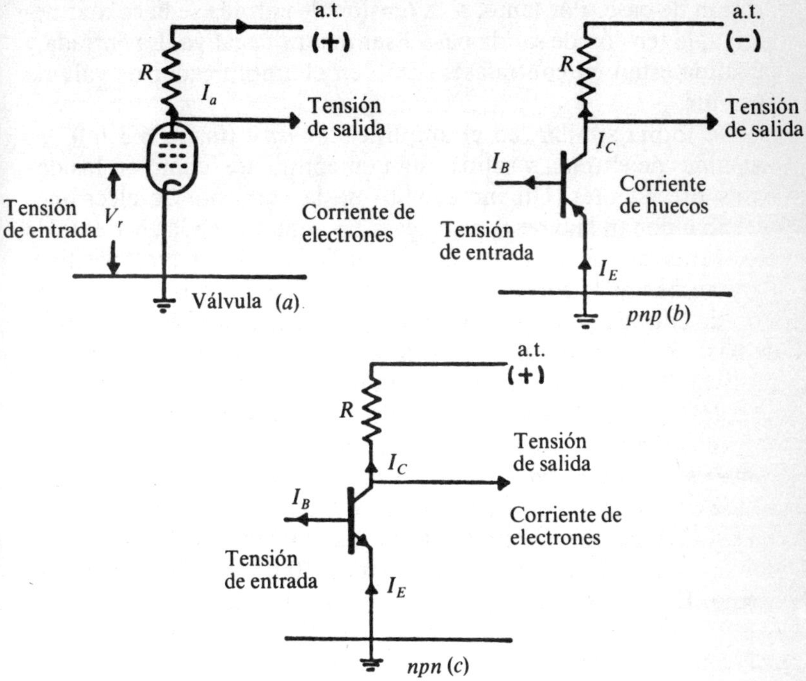

Figura 6.3

de la tensión negativa aplicada a la rejilla aumenta, la cantidad de corriente circulando por la válvula disminuye al igual que la caída de potencial en la resistencia de carga. El potencial en el extremo inferior de R se acercará por tanto al valor de a.t., que en la válvula es positivo. Por ello, cuando la tensión de rejilla se hace más negativa, la tensión de salida se hace más positiva. En el amplificador de válvula, la entrada y la salida están en contrafase.

En el amplificador *pnp* (figura 6.3 (*b*)), si la corriente I_B, de huecos abandonando la base aumenta, también lo hace I_C y el potencial de la parte baja de R se aleja del valor de a.t. que en este caso es negativo. Así que, si I_B aumenta en magnitud, la tensión de salida se hace menos negativa. Para incrementar la corriente de huecos que abandonan la base I_B, la tensión de entrada al amplificador debe hacer más negativa, con respecto al emisor, a la tensión de base. Por tanto, si la tensión de entrada se hace más negativa, la tensión de salida pasa a ser menos negativa. La entrada y la salida están en contrafase, como en el amplificador de válvula anterior.

De forma similar, en el amplificador *npn* (figura 6.3 (*c*)), las tensiones de entrada y salida están en contrafase, como en los dos casos precedentes. Un incremento de la corriente de electrones que abandonan la base I_B provocará un aumento en la corriente de electrones por R y la tensión de salida se hará menos positiva. Para aumentar la corriente de electrones que dejan la base, la tensión de entrada al amplificador debe hacer más positiva la tensión de base con respecto al emisor. Si la señal de entrada se hace más positiva, la tensión de salida se hará menos negativa.

Supóngase que la a.t. disponible es de 25 V para el amplificador con transistor y de 250 V en el de válvula. La resistencia de carga es de 100 Ω en el circuito de colector del transistor y de 10 kΩ en el circuito de ánodo de la válvula.

Esta situación se representa en las características (figura 6.2) por las rectas de carga *AB*, que tienen 100 y 10 kΩ, respectivamente. El extremo *A* está sobre el punto del eje de tensión en el valor correspondiente a la a.t. y el extremo *B* está sobre el eje de corriente en un punto de valor dado por:

$$\frac{\text{a.t. en voltios}}{R \text{ en ohmios}}$$

AC y *AD* son rectas que corresponden a cargas con resistencia diferente y se considerarán más tarde.

Si la entrada al amplificador de transistor es tal que $I_B = 0$, o la entrada del amplificador con válvula hace a la rejilla 4 V negativa con respecto al cátodo, el punto de trabajo del circuito es *P*. La tensión en la parte baja de la resistencia de carga *R*, es decir, en el extremo más lejano a la a.t. (figura 6.2), está dada por el punto *X* en el eje de tensión.

Si la entrada al amplificador se modifica de modo que $I_B =$ 4 mA o $V_r = 0$, el nuevo punto de trabajo será *Q*, y la nueva tensión en el extremo inferior de *R* estará dada por *Y*.

Por tanto, la variación de 4 mA en la base del transistor o de 4 V en la tensión de rejilla provoca una variación considerable, *XY*, en la tensión en la parte baja de la resistencia de carga. La tensión en la parte alta de la resistencia se mantiene en el valor de la a.t., y la diferencia de tensión en la carga varía entre 0 y 20 V en el amplificador con transistor y entre 0 y 150 en el de válvula, cuando la señal de entrada hace que varíe la corriente de base o la tensión de rejilla.

Si la señal de entrada cambia con el tiempo en una forma determinada, se puede averiguar la manera en que variará la tensión en el extremo inferior de la resistencia de carga —tensión de salida— mediante las características y la recta de carga. Para cada valor de I_B o V_r, se puede hallar y dibujar el valor correspondiente de V_C o V_a.

Utilizando la recta de carga *AB*, se ha realizado esta construcción en la figura 6.4 para una entrada con forma de onda cuadrada y para otra con variación sinusoidal con el tiempo.

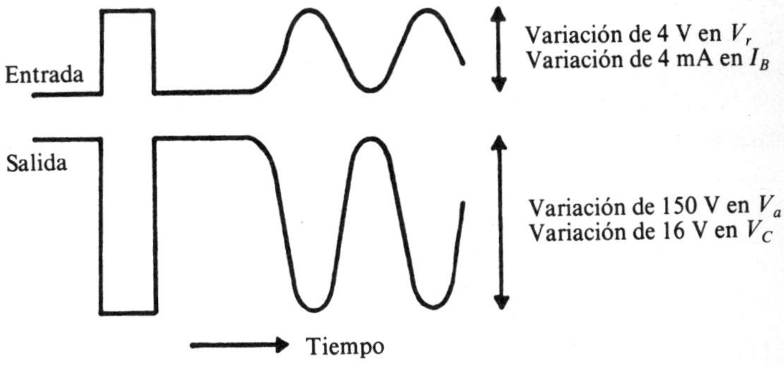

Figura 6.4

6.2. Distorsión

Está claro que, en el caso al que se refiere la figura 6.4, la forma de la señal aplicada a la rejilla o a la base está reproducida fielmente en la forma amplificada en la carga.

Éste será el caso siempre que la línea de carga corte a las características en puntos donde sean rectas y paralelas y estén igualmente espaciadas. Éste es el caso para la línea de carga *AB*, y podría serlo también para *AD*.

Bajo tales circunstancias, no se necesita dibujar los puntos correspondientes para confirmar que la señal amplificada en la carga es una versión sin distorsión de la señal de entrada. La amplitud de la tensión alterna liberada en la carga se puede hallar rápidamente buscando los puntos X e Y.

Si se elije una carga de mayor resistencia, que presente una recta de carga como AC, aparece una situación diferente. Imagínese que I_B varía de 0 a 4 mA y que V_r lo hace de − 4 a 0 V. Todo va bien cuando el punto de trabajo asciende por la recta de carga desde la primera a la segunda característica. Pero, cerca de la tercera característica, la recta de carga penetra en la región curva y no hay variación en la intensidad en el transistor o la válvula cuando I_B pasa de unos 1,8 mA a 4, o V_r lo hace de − 2,3 a 0 V. En consecuencia, no habrá variación en V_C o V_a por encima de estos valores, y la señal que aparezca en la resistencia de carga será una versión fuertemente distorsionada de la señal de entrada.

Sólo mientras I_B se encuentra entre 0 y 1,8 mA, o cuando V_r está entre − 4 y − 2,3 V, habrá amplificación sin distorsión. Para una variación sinusoidal con el tiempo (véase figura 6.5), sólo la región sombreada de la señal será amplificada sin distorsión. La tensión de salida tendrá una forma distorsionada como se muestra.

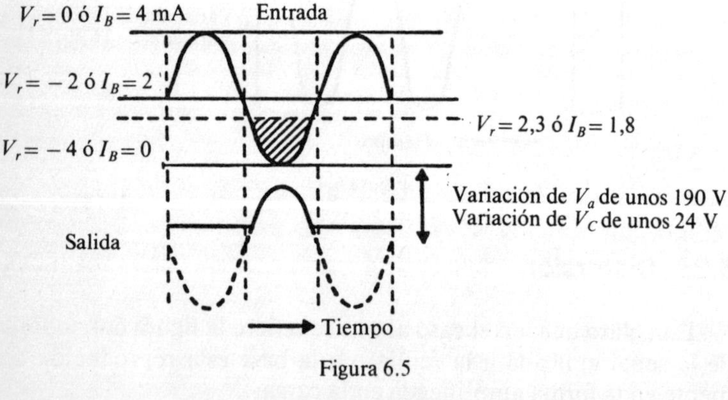

Figura 6.5

Algo menos de medio ciclo está fielmente amplificado y la parte restante, dibujada de puntos en la curva inferior, se perderá. Una distorsión tan grosera de la forma de la señal es inaceptable en la mayoría de los amplificadores, especialmente en aquellos que manejan voz o música.

Si se utiliza una carga de resistencia demasiado grande en algún transistor determinado, habrá distorsión. A primera vista, podría parecer que se debiera usar una resistrencia pequeña que diese una recta de carga como *AD*. Ciertamente no habría distorsión; pero puede verse que la variación de tensión obtenida en la carga, y por lo tanto la amplificación, es mucho menor que antes. La resistencia de carga óptima en el ejemplo anterior será la que dé una recta de carga como la *AB*.

6.3. Polarización

Como introducción a la explicación del diseño de un amplificador, ha sido conveniente considerar que la señal de entrada provoca una variación de I_B de 0 a 4 mA, o en V_r de -4 a 0 V. Si la variación es sinusoidal, el valor de pico a pico de la entrada es de 4 mA o 4 V.

Pero cuando se introduce una señal de este tipo en un circuito para ser amplificada normalmente será una señal alterna genuina. Uno de los dos hilos entre los que se toma la señal suele estar al potencial de tierra; a menudo la puesta a tierra es la envoltura externa de un cable coaxial, que rodea el hilo interior conectado a la señal, pero que está aislada de él. La tensión del hilo interior variará por encima y por debajo del potencial de tierra, o cero. La señal que reciba el amplificador será una señal alterna genuina.

La señal disponible tiene una amplitud de 4 V o 4 mA de pico a pico, con medio ciclo positivo y otro medio negativo respecto a tierra. Lo que se necesita para el funcionamiento adecuado del amplificador es que V_r o I_B varíen de 4 V o 4 mA de pico a pico, pero que se mantenga la condición básica para el funcionamiento de la válvula o el transistor, es decir, que la tensión de la rejilla sea siempre negativa con respecto al cátodo, o que en el transistor la corriente I_B de portadores de carga (huecos en el *pnp* y electrones en el *npn*) circule por el circuito de entrada de emisor a base.

Para asegurar que los semiciclos de la señal que tienen el sentido «equivocado» no llevan al amplificador fuera de su zona propia de trabajo, se aplica al circuito una señal permanente de entrada en el sentido adecuado. Ésta se denomina tensión o intensidad de polarización y, cuando se le suma la señal de entrada, la entrada neta al amplificador tiene siempre la polaridad correcta. Por tanto, la polarización de una válvula es una tensión que hace a la rejilla negativa con respecto al cátodo. En el amplificador de transistor, será una corriente estacionaria I_B —de huecos saliendo de la base en el caso *pnp* y de electrones saliendo también en el caso *npn*.

En el ejemplo anterior, la polarización estacionaria debe situar a la válvula en la característica de $V_r = -2$ V, o al transistor en la de $I_B = 2$ mA, antes de que la señal sea aplicada.

Esta tensión o corriente de polarización se la puede aportar al amplificador desde una segunda batería, u otra fuente de c.c., distinta de la de a.t. Esta disposición es habitualmente molesta y cara. Existen formas de conseguir la polarización directamente de la fuente de a.t. insertando una resistencia adecuada en el circuito. Se describirán posteriormente en este capítulo, después de la discusión de los factores que pueden influir en la elección de la tensión o corriente de polarización, y por tanto en el punto de trabajo estacionario del circuito en ausencia de señal.

6.4. Elección del punto de funcionamiento

Consideremos nuevamente las características de la válvula y el transistor, y estudiemos una vez más la forma en que pueden utilizarse para ajustar el diseño de un amplificador. Las curvas son las mismas que las que se usaron en este capítulo anteriormente, y la recta de carga *AB* se ha dibujado nuevamente. Pero ahora tendremos en cuenta alguno de los problemas que surgen en el diseño de un amplificador real.

Observando de nuevo la recta de carga *AB* de la figura 6.6, y recordando la explicación de la polarización de la última sección, se puede añadir el punto de funcionamiento *E* al diagrama. Esto significa que será necesaria una polarización fija de 2 mA para el transistor, o de 2 V para la válvula.

Bajo tales circunstancias se puede amplificar una señal de 4 mA o 4 V de pico a pico con el transistor o la válvula respectivamente.

Supóngase ahora que en el caso práctico la a.t. disponible es menor que la fijada inicialmente. El extremo inferior de la recta de

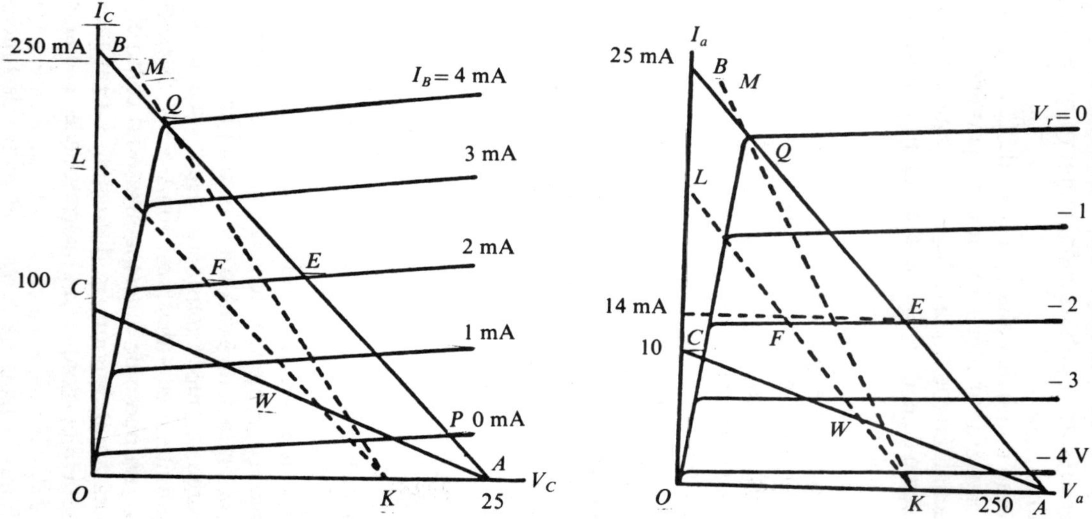

I_C
250 mA
B
M
Q
$I_B = 4$ mA
3 mA
2 mA
1 mA
P 0 mA
L
100
C
F
E
W
O
K
25
A
V_C
I_a
25 mA
B
M
Q
$V_r = 0$
L
− 1
14 mA
E
− 2
10
C
F
− 3
W
− 4 V
O
K
250
A
V_a

Figura 6.6

carga se moverá de *A* a *K*. Si la resistencia de carga permanece invariable, la nueva recta de carga será *KL*, paralela a *AB*, y, con los valores anteriores de la polarización, el nuevo punto de funcionamiento será *F*.

Con *F* como punto de trabajo en lugar de *E*, el amplificador no será ahora capaz de manejar señales tan grandes sin distorsión. Cuando la señal lleve a I_B por debajo de la característica de 3 mA o a V_r por debajo de la de − 1 V, aparecerá distorsión.

Existen dos caminos posibles si se quiere conseguir amplificación sin distorsión con el valor reducido de la a.t.

Se puede elegir una nueva polarización que mueva el punto de funcionamiento *F* en sentido descendente por la recta de carga hacia *K*. Con una polarización de $I_B = 1{,}5$ mA o $V_r = -2{,}5$ V, será posible trabajar con señales de 3 mA o 3 V de pico a pico sin distorsión. De este modo, el nuevo amplificador, con una a.t. disminuida, tiene la misma ganancia que antes, ya que la resistencia de carga es la misma, pero no puede manejar señales tan grandes como podía hacerlo anteriormente con la a.t. completa.

Por otra parte, se podría haber dibujado una nueva recta de carga *KM* que pasase por *Q*. Correspondería a una resistencia menor que la anterior, y por ello el amplificador tendría menos ganancia. Pero si se mantiene la polarización en $I_B = 2$ mA o $V_r = -2$ V, el punto de funcionamiento estará situado sobre la característica entre *F* y *E*, y se podrán manejar señales de 4 mA o 4 V de pico a pico como antes. El nuevo amplificador con la a.t. reducida, puede amplificar señales del mismo tamaño que antes sin distorsión, pero ha reducido la ganancia.

Cuando comenzamos a estudiar el amplificador, se descartó la recta de carga *AC* como inadecuada por la distorsión introducida con señales de entrada de 4 mA o 4 V pico a pico.

Sin embargo, se puede considerar que las señales a amplificar serán siempre menores —digamos, 1 mA o 1 V de pico a pico—. En este caso, un punto de funcionamiento tal como el *W* en *AC* proporcionará amplificación sin distorsión. La ganancia del amplificador será alta porque *AC* corresponde a una resistencia mayor que *AB*.

Hasta ahora, la recta de carga y el punto de funcionamiento han sido elegidos para conseguir la mayor ganancia sin introducir distorsión cuando se amplifica la máxima señal de entrada esperada. En la práctica, pueden existir también otras consideraciones secundarias.

Puede trabajarse con el requisito de mantener el valor de la potencia consumida de la fuente de a.t. tan pequeño como sea posible. Éste podría ser el caso de un equipo portátil que utilice pilas. Si esto es así, el diseñador tratará de mantener el punto de funcionamiento tan bajo como sea posible en las características.

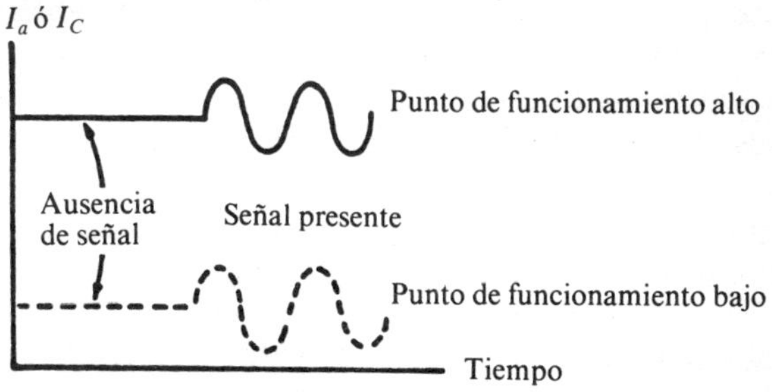

Figura 6.7

En ausencia de señal por la válvula o el transistor pasará una corriente continua I_a o I_C, que estará determinada por la polarización. Cuando se aplica una señal senoidal, I_a, o I_C, variará senoidalmente alrededor del valor de continua como se ve en la figura 6.7. Existe entonces una mezcla de corriente o tensión alterna y continua en la salida, de igual forma que la entrada consiste en una señal alterna superpuesta a una polarización continua.

Sólo la componente de c.a. en la carga es potencia útil, y la componente de c.c. de I_a o I_C es la intensidad media suministrada continuamente por la fuente de a.t. Un punto de trabajo como E (véase figura 6.6) representará una potencia grande obtenida de la fuente de a.t., y un punto de funcionamiento bajo tal como W significa un consumo de potencia menor.

Para una potencia alterna de salida dada, cuanto menor sea la potencia consumida de la fuente de a.t., mayor será la eficiencia del amplificador y menor calor será necesario disipar del aparato.

6.5. Dispersión y tolerancia en los componentes

La discusión precedente quizá haya dado la impresión de que las rectas de carga se dibujan por un punto exacto de las características y que el punto de funcionamiento se elige de forma precisa para obtener exactamente el funcionamiento deseado.

Sería inútil realizar tan exacta construcción de las características que publican los constructores de válvulas o transistores. En alguna parte de las hojas de catálogo del fabricante habrá una indicación de la dispersión esperada en las características de diferentes válvulas o transistores vendidos bajo un mismo número de tipo. Para los lotes comerciales usuales, esta dispersión será a menudo grande.

Incluso si esto no fuera así, estaría injustificada una gran exactitud porque los componentes electrónicos ordinarios se hacen con una tolerancia de un 10 por 100 y sólo están disponibles con facilidad para determinado número de valores preferentes. Por ello, si un cálculo o un montaje exacto señala que se necesita una resistencia de 4.850 Ω, el «valor preferente» más próximo será de 4.700 Ω, y éste puede ser erróneo él mismo en 400 Ω.

Cuando se diseña un amplificador, se tiene cuidado para permitir estas distintas incertidumbres. Las rectas de carga y puntos de funcionamiento se eligen deliberadamente de forma que los probables errores debidos a la dispersión y tolerancias dejen el circuito en la forma buscada. La prueba final del diseñador es construir el amplificador. Si no tiene las características requeridas, puede modificarse en el laboratorio hasta que las tenga.

6.6. Circuitos de polarización

Supongamos que nos ponemos a hacer un amplificador representado por la recta de carga AB y el punto de trabajo E de la figura 6.6. Las resistencias de carga ($R = 100$ y 10.000 Ω) se muestran en los circuitos de la figura 6.8. Mediante la correcta elección de R, se obtiene la polarización continua requerida directamente de la fuerza de a.t. sin necesidad de una fuente de polarización distinta.

Es importante examinar con más detalle las condiciones que

existirán en el amplificador cuando se haya logrado el punto correcto de funcionamiento y no esté presente ninguna señal.

En el transistor habrá una corriente I_B circulando de 2 mA, que circulará también por la resistencia R_B. En ausencia de señal no habrá ninguna otra intensidad por el terminal de base.

En la válvula habrá una diferencia de potencial de 2 V entre la rejilla de control y el cátodo, siendo la rejilla negativa respecto a aquél. Bajo tales circunstancias se observa en las características que la intensidad que circula por la válvula (I_a) es de unos 14 mA. Esta intensidad circula también por R_B.

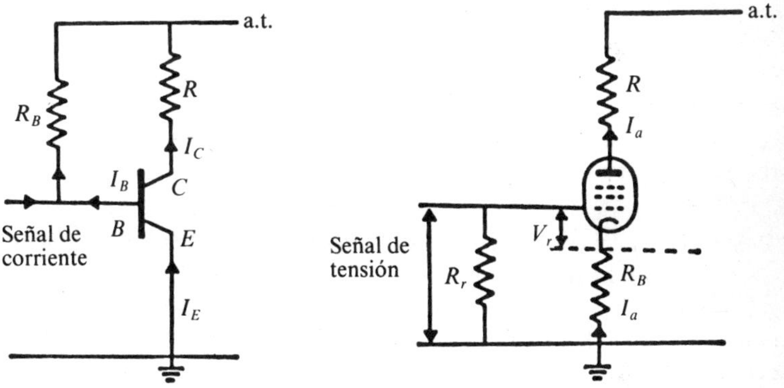

Figura 6.8

Si la resistencia de polarización R_B conectada al cátodo es de 142 Ω, los 14 mA que circulan por ella provocarán una diferencia de potencial de 1.988 V entre cátodo y tierra. El cátodo es, por tanto, aproximadamente 2 V positivo con respecto a tierra. La rejilla está conectada a tierra mediante la resistencia de fuga de la rejilla R_r (se estudiará más adelante), y, en ausencia de señal de tensión, existe una corriente despreciable circulando por esta resistencia y la tensión de la rejilla es aproximadamente el potencial de tierra. El cátodo es, por tanto, 2 V positivo con respecto a la rejilla, es decir, la rejilla es 2 V negativo con respecto al cátodo. $V_r = -2$ V, la situación que buscábamos.

La tensión requerida se obtiene directamente de la fuente de a.t. en el amplificador de válvula mediante una resistencia de polarización de cátodo $R_B = 142\ \Omega$. En la práctica, se usaría una resistencia de 150 Ω de valor nominal.

En el amplificador de transistor tenemos que elegir R_B, de forma que la corriente que circule por ella (I_B) sea de 2 mA.

Un extremo de la resistencia está a la a.t.; el otro está conectado a la base. Como la unión emisor-base está polarizada en sentido directo, la caída de tensión en ella es pequeña, y para este cálculo se puede suponer que la base y el emisor están a potencial de tierra. Así, un extremo de R_B está al potencial de la a.t. y el otro casi al de tierra. El valor de R_B se puede hallar con suficiente aproximación dividiendo la a.t. por la corriente de polarización requerida.

$$R_B = \frac{25\ \text{V}}{2\ \text{mA}} = 12.500\ \Omega$$

En el circuito anterior de válvula hay una resistencia R_r conectada entre la rejilla y tierra. Esta resistencia se llama de fuga de rejilla y su propósito es asegurar que existe un camino directo entre la rejilla y tierra para la circulación de corriente. Tal camino debe existir en el triodo, pentodo, etc., porque algunos de los electrones que cruzan la válvula del cátodo al ánodo chocarán inevitablemente con el hilo de la rejilla. Si no se dispusiese ninguna fuga de rejilla, existiría una acumulación gradual de carga negativa en la rejilla, y el punto de funcionamiento de la válvula se alteraría.

El valor de la resistencia de rejilla no es crítico y usualmente es de unos cientos de kΩ para que no haya posibilidad de que se cortocircuite, o se vea afectada apreciablemente la fuente que suministra la señal al amplificador. La corriente de fuga que circula por R_r es extremadamente pequeña y la diferencia de potencial continuo en la fuga de rejilla se considera normalmente despreciable. En concreto, no se considera que realice ningún aporte a la polarización y la rejilla se considera a potencial de tierra cuando no hay señal presente.

6.7. Circuitos amplificadores modificados

La figura 6.9 es un circuito amplificador válvula que tiene un componente adicional (un condensador C_B, en paralelo con la re-

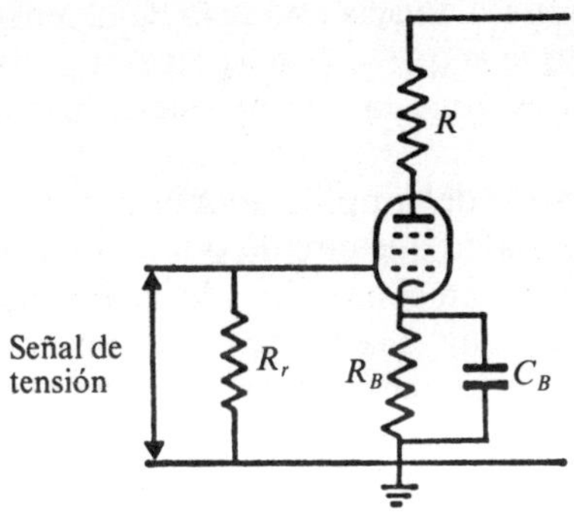

Figura 6.9

sistencia de polarización R_B, entre cátodo y tierra). La función de este nuevo componente es la de evitar que ocurra lo que se llama realimentación negativa, que se describe más adelante.

R_B se eligió de modo que la corriente continua calculada que debe circular por la válvula diese una diferencia de potencial en R_B suficiente para conseguir la polarización requerida para lograr dicha intensidad. En el ejemplo anterior una corriente continua de 14 mA circulando por la válvula daba una diferencia de potencial de 2 V en la resistencia de 150 Ω de polarización del cátodo. La rejilla era 2 V negativa respecto al cátodo, y éste era el punto de funcionamiento del amplificador.

Cuando se le aplica al circuito una señal sinusoidal, un semiciclo hará el potencial de la rejilla más próximo al del cátodo y el otro lo aleja del potencial del cátodo. Estas variaciones de la diferencia de potencial entre rejilla y cátodo serán causantes de que la corriente en la válvula crezca y disminuya, de forma que se superpone una corriente alterna a la corriente continua que originariamente circulaba por la carga. La componente alterna de la tensión en la carga es la salida del amplificador.

Cuando la señal hace el potencial de rejilla más próximo al del cátodo, la corriente en la válvula aumenta. Pero este aumento de corriente incrementa la diferencia de potencial R_B, y el potencial del cátodo con respecto a tierra varía. Cuando la señal hace que la rejilla tenga un potencial más próximo al del cátodo, la variación que se produce en la tensión en R_B tiende a alejar el potencial del cátodo del de la rejilla. La variación neta de la tensión entre rejilla y cátodo es menor que la que se podría esperar porque la variación de potencial en R_B es opuesta a la producida por la señal de tensión.

La tensión de salida del amplificador es debida a la componente alterna de la intensidad que circula por la resistencia de carga R en serie con la válvula. En el amplificador más simple, la corriente alterna se produce porque la señal de entrada es una tensión alterna que se aplica directamente entre la rejilla y el cátodo de la válvula. Pero cuando se añade R_B en el terminal del cátodo, la componente alterna de la intensidad en la válvula que circula por esta impedancia produce una tensión alterna entre cátodo y tierra opuesta a la señal de entrada. La tensión alterna efectiva, es decir, la tensión alterna real entre rejilla y cátodo, es la señal de entrada al amplificador menos la tensión alterna provocada en la impedancia entre cátodo y tierra (R_B).

La tensión en R_B se opone a la señal y reduce la entrada efectiva. La salida del amplificador se reduce también porque no habrá una oscilación en la intensidad de la válvula tan grande como se había esperado. Por tanto, la salida del amplificador para una señal dada aplicada a su terminal de entrada se reduce, es decir, hay una disminución de la ganancia del amplificador.

La tensión alterna generada en R_B es opuesta a la de entrada y reduce la ganancia efectiva. Este proceso se denomina realimentación negativa.

R_B se introdujo en el circuito para conseguir ciertas condiciones de c.c., o lo que es lo mismo, la tensión de polarización correcta. Pero ahora se observa que produce efectos indeseados de c.a., ya que también introduce una impedancia para la c.a. entre cátodo y tierra, impedancia en la que aparece una realimentación negativa cuando se aplica una señal al amplificador. Sin embargo, si se coloca el condensador C_B en paralelo con R_B, la resistencia a la c.c. permanecerá inalterada, pero se reduce la resistencia a la c.a.

La impedancia de c.a. de un condensador es:

$$\frac{1}{2\,\pi f C\ \Omega}$$

donde f es la frecuencia de la tensión alterna en Hz y C la capacidad en faradios.

Si $f = 1$ kHz y $C = 100\ \mu$F, la impedancia del condensador es:

$$\frac{1}{2\,\pi \times 1.000 \times 100 \times 10^{-6}} = \frac{10}{2\,\pi}$$

que es menor que 2 Ω.

Al colocar este condensador en paralelo con R_B, la impedancia entre cátodo y tierra se reduce del valor original de 150 Ω de R_B a algo menos de 2 Ω y la realimentación negativa se hace despreciable.

Nótese que, para ser igual de efectiva cuando la frecuencia de la señal es 10 Hz en lugar de 1.000, la capacidad se debería aumentar en un factor de 100.

La consecuencia de la discusión anterior es que conviene evitar la realimentación negativa cuando la única característica importante del amplificador es su ganancia. Aunque la ganancia sea importante en determinadas aplicaciones, es fácil añadir más etapas de amplificación para lograr el valor requerido. Sin embargo, en muchos casos es por lo menos de igual importancia el ancho de banda o la estabilidad del amplificador.

El ancho de banda de un amplificador es el margen de frecuencias que pueden amplificarse satisfactoriamente. Cada circuito tiene un límite superior e inferior de frecuencia más allá de los cuales la ganancia cae rápidamente. En una válvula o transistor concreto, la reducción en ganancia al utilizar un circuito con realimentación negativa está emparejada con un aumento del ancho de banda. En algunos circuitos, por ejemplo un amplificador de audiofrecuencia de alta fidelidad, es particularmente deseable un gran ancho de banda y se omitirá el condensador C_B para tener realimentación negativa. Además, la realimentación negativa tiende a eliminar oscilaciones indeseadas en el amplificador a señales espurias en la entrada del amplificador procedentes del lado de potencia de salida alta (véanse los osciladores, Ap. 8.2).

Hay ciertos tipos de inestabilidad contra los cuales es efectiva R_B, incluso si se usa en paralelo con C_B para eliminar la realimentación negativa a las frecuencias de la señal. Éstos son la deriva del punto de funcionamiento de la válvula respecto del valor elegido a causa de la variación en un plazo de tiempo largo, de la tensión de alimentación; la variación en la corriente de emisión del cátodo con la edad del componente y los efectos debidos a las variaciones de la temperatura ambiente o de los componentes. Esta deriva es tan lenta que la presencia de C_B no elimina el efecto de la realimentación negativa porque la impedancia de un condensador para una frecuencia tan extremadamente baja es muy grande y R_B no queda cortocircuitada para la c.a.

Si alguno de los efectos anteriores tiende a hacer aumentar la corriente continua en la válvula, aumentará la diferencia de potencial R_B y el cátodo se hará más positivo con respecto a la rejilla, es decir, la rejilla se hará más negativa respecto al cátodo y se reducirá, por tanto, la intensidad en la válvula.

La estabilización en esta forma del punto de trabajo es especialmente importante en los circuitos con transistores, que son mucho más susceptibles que las válvulas a cambios de temperatura. Por esta razón, se introduce normalmente una resistencia R_E en el terminal de emisor con un condensador C_E en paralelo (figura 6.10). La caída permanente de tensión continua en R_E, debida a la corriente continua que circula en ausencia de señal, implica una pequeña reducción en la a.t. efectiva y deberá tenerse en cuenta en el diseño del circuito.

6.8. Amplificadores de dos etapas

Los circuitos mostrados en la figura 6.10 son amplificadores de dos etapas. En el amplificador de transistor, los emisores están marcados con una *E* para evitar la utilización de las flechas que distinguen los *pnp* de los *npn*, porque se puede usar cualquiera de los dos tipos de transistor en el circuito siempre que se mantenga la polaridad correcta de la fuente de a.t. Los componentes con rótulos son aquellos cuya función no ha sido descrita todavía.

En el circuito de válvula se muestran las conexiones adicionales necesarias cuando se usan pentodos. La rejilla supresora —la más cercana al ánodo— está normalmente conectada directamente al cátodo. La rejilla pantalla puede estar conectada directamente a la a.t. o a través de la resistencia R_p, como en el dibujo. El extremo de R_p unido a la pantalla se conecta también algunas veces a tierra

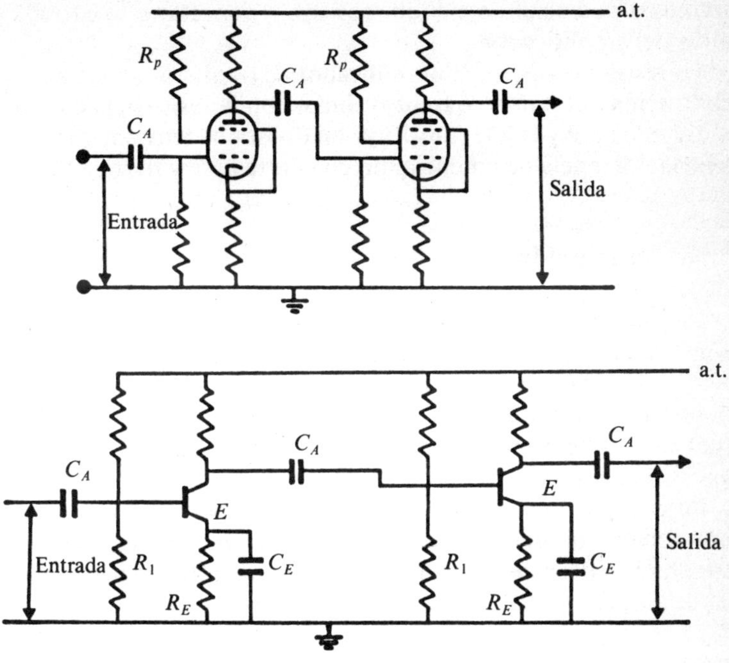

Figura 6.10

a través de un condensador, de modo que el potencial de esta rejilla no pueda fluctuar cuando circula c.a. por el circuito.

Los condensadores C_A en ambos circuitos se llaman condensadores de acoplamiento. Su propósito es permitir que una señal de c.a. pase entre dos puntos, pero que no lo haga una de c.c. Por tanto, el condensador de acoplamiento se utiliza para llevar la señal del ánodo o colector de la primera etapa a la rejilla o base de la segunda. Pero los potenciales de continua, muy diferentes entre sí, presentes en la salida de la primera etapa y de la entrada de la segunda no interactúan porque un condensador es un circuito abierto para la c.c.

Los condensadores de acoplamiento en la entrada de la primera etapa y la salida de la segunda no son siempre necesarios. Su función es la de aislar la tensión de continua de la rejilla o base de la primera etapa y del ánodo o colector de la segunda, de cualquier circuito o potencial de c.c. que se vaya a conectar a la entrada o salida del amplificador.

La resistencia R_1 en el amplificador de transistor ayuda a la estabilización del punto de trabajo. Junto con la resistencia conectada entre la base y la a.t. constituye un divisor de tensión, que mantiene la diferencia de potencial precisa entre base y tierra.

6.9. Conclusión

En este capítulo nos hemos centrado en el diseño del amplificador electrónico fundamental. El diseño de tal amplificador puede abordarse de otras formas: quizá utilizando un método gráfico similar, pero con diferentes características, o posiblemente con un estudio puramente matemático representando con ecuaciones las curvas características.

En el capítulo 8 veremos cómo se puede modificar este diseño para obtener diferentes tipos de amplificador, también cómo se pueden modificar los amplificadores para crear funciones distintas a la de amplificación.

7 Interruptores

El interruptor perfecto es una parte del equipo a la que puede hacerse tener resistencia cero o infinito entre dos de sus terminales a voluntad del operador.

Cuándo una barra gruesa de metal tiene una interrupción que deja de existir al introducir el operador una llave, estamos ante un caso sencillo de interruptor operado mecánicamente. Diferentes realizaciones de estos interruptores se usan comúnmente para conectar y desconectar la alimentación de potencia para luces, motores y equipo eléctrico en general. Estos interruptores están muy próximos al interruptor perfecto descrito antes, pero todos se usan en aplicaciones donde la acción de interrupción nunca tiene que ser realizada más que unas pocas veces por segundo a lo sumo.

En este capítulo estudiaremos los interruptores electrónicos que utilizan diodos, válvulas amplificadoras o transistores.

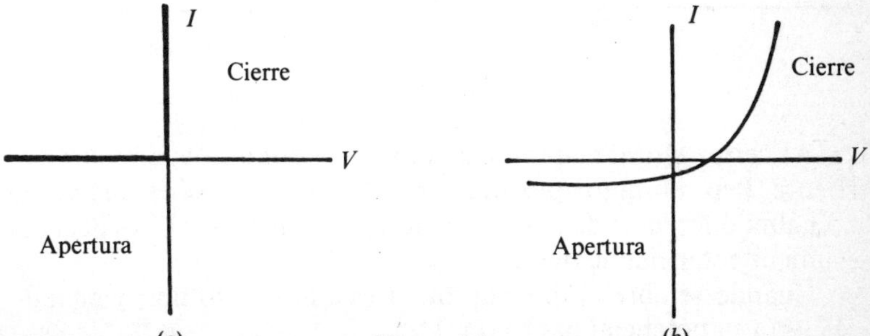

Figura 7.1

Estos interruptores tienen una característica de la forma general que se muestra en la figura 7.1 (*b*), diferente de la del interruptor perfecto dibujada en (*a*). Pero en compensación de las desventajas de su característica (por ejemplo, se consume más potencia en el interruptor), los interruptores electrónicos pueden trabajar a velocidades tremendamente altas y por lo tanto pueden utilizarse en aplicaciones, como la lógica de computador, que se describen en el capítulo 9.

7.1. Interruptor con diodo

Considérese, en primer lugar, el circuito de la figura 7.2, donde se ha conectado una resistencia *R* en serie con un interruptor mecánico. Los extremos del circuito, *B* y *C*, se pueden mantener a diferentes potenciales fijos, como se ve, utilizando baterías u otras fuentes de potencia.

En (*a*), cuando se abre el interruptor, no circula corriente por el circuito y por tanto no habrá diferencia de potencial entre los extremos de la resistencia. El punto *A* estará al mismo potencial que el *B*, es decir, + *V* voltios.

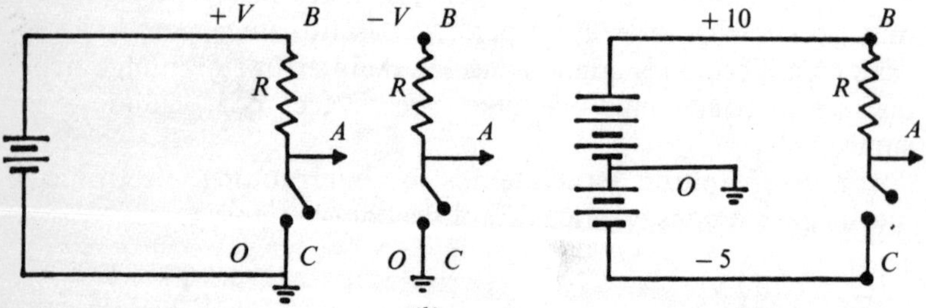

(*a*) (*b*) (*c*)

Figura 7.2

Al cerrar el interruptor se completa el circuito y circulará corriente. Pero el interruptor tiene resistencia cero, así es que ahora no habrá diferencia de potencial entre los puntos *A* y *C*, es decir, *A* estará al potencial de tierra.

Cuando se abre el interruptor, *A* está a + *V* voltios, y cuando se cierra su potencial pasa a ser 0 V.

En (*b*), cuando se abre el interruptor, *A* queda a $-V$ voltios, y cuando se cierra su potencial es de 0 V.

En (*c*), al abrir el interruptor, *A* pasa de estar a + 10 V y al cerrarlo su potencial cambia a − 5 V.

Consideremos ahora situaciones similares reemplazando el interruptor mecánico por un diodo.

El diodo puede ser de estado sólido o termoiónico, pero se representará por el símbolo convencional del rectificador, dibujado en la figura 7.3 junto a los diodos equivalentes de vacío y de unión. En todos los casos el flujo franco de corriente es con *P* positivo respecto a *Q*.

Supondremos por el momento que cuando el diodo conduce hay en él una caída de tensión despreciable, y que en sentido inverso no circula corriente. Se supone que el diodo es un interruptor perfecto.

Los principios de funcionamiento siguen siendo los mismos que con el interruptor mecánico, es decir, el potencial de *A* es igual que el de *C* cuando el diodo conduce y es igual al de *B* cuando no conduce.

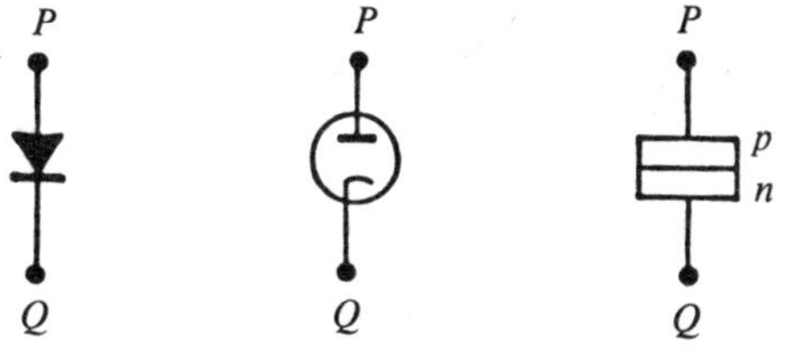

Figura 7.3

Existe, sin embargo, un principio adicional. El diodo conducirá siempre que *A* sea positivo con respecto a *C*; y no conducirá nunca, a menos que esto sea así.

Una vez que se ha estabilizado el potencial en *A* y *C*, el estado del diodo —conduciendo o sin conducir— quedará determinado y no hay forma de que el operador lo pueda controlar independientemente.

En la figura 7.4 se ha reemplazado el interruptor mecánico por un diodo. En (*a*) y (*c*) el diodo conducirá porque *A* es positivo con respecto a *C*. El potencial de *A* será en (*a*) 0, en (*b*) $-V$ y en

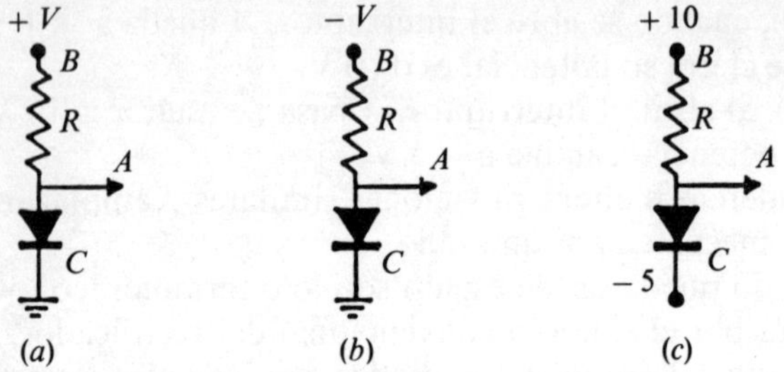

Figura 7.4

(*c*) − 5. En (*a*) y (*c*) la tensión en *A* será ligeramente más positiva que los valores señalados a causa de la caída que se produce en el diodo cuando está conduciendo.

Ignorando la diferencia de potencial en el diodo en conducción, señalar en la figura 7.5 la tensión en *A* en cada caso. Las respuestas se dan en la página 140.

Veamos ahora lo que le ocurre al potencial de *A* cuando varía de cierta forma con el tiempo la tensión en un extremo del circui-

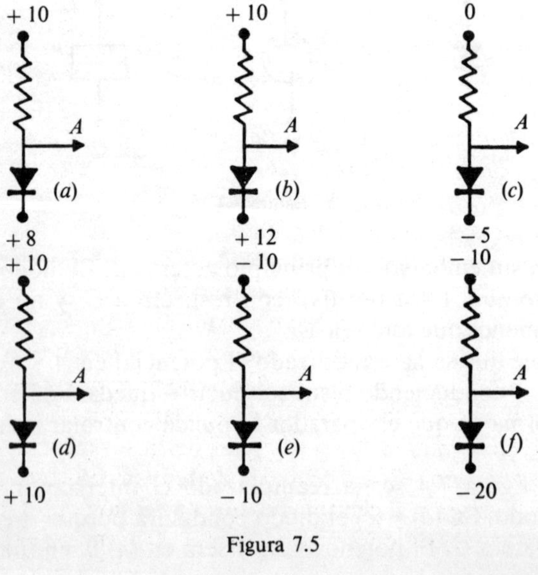

Figura 7.5

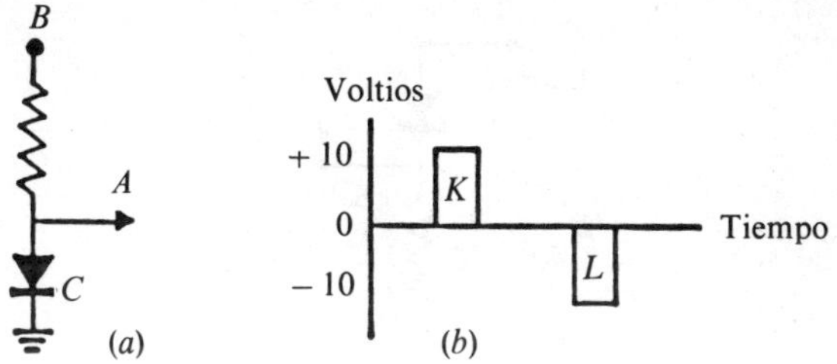

Figura 7.6

to. Nos interesarán particularmente las entradas de tensión en forma de pulsos rectangulares u ondas sinusoidales. Una vez más, supondremos que el diodo es ideal, no teniendo una caída de tensión significativa cuando conduce.

En la figura 7.6, *C* se mantiene al potencial de tierra; la tensión de *B* respecto a tierra se ve en (*b*). Por tanto, *B* está normalmente al potencial de tierra pero se le pueden aplicar pulsos de tensión positivos como *K* o negativos como *L*.

Cuando no hay pulso presente, *B* está a tierra, e igualmente lo están *C* y *A*. Si llega un pulso positivo *K*, el diodo conduce y permanece en conducción mientras dure el pulso. Mientras esté conduciendo el diodo, *A* estará a igual potencial que *C*, es decir, a tierra. Tan pronto como el pulso finalice, *B* retorna al potencial de tierra, el diodo deja de conducir y el estado original de la situación se restablece, con *A*, *B* y *C* a 0 V.

Por tanto, si se aplica un pulso positivo a *B*, no hay variación en la tensión de *A* y no hay pulso disponible en un terminal de salida que esté conectado a este punto.

Cuando se aplica un pulso negativo *L* a *B*, el diodo no conducirá en ningún momento. El potencial en *A* será en todo instante igual al de *B*, y el pulso negativo se transmitirá a la salida.

Si el potencial de *B* se considera como la entrada y el de *A* como la salida del circuito, las tensiones negativas se transmiten inmodificadas, pero las positivas no se transmiten.

Si se intercambian las posiciones de la resistencia y el diodo, como en la figura 7.7, las entradas de tensión positiva en *B* harán conducir al diodo y el punto *A* seguirá la tensión del *B*. Para entradas negativas, el diodo no conducirá y *A* permanecerá al mismo

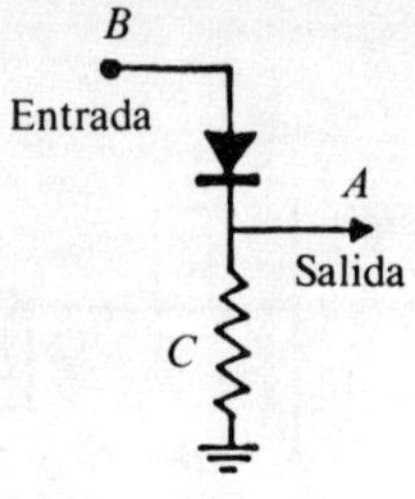

Figura 7.7

potencial que *C*, es decir, a tierra. Este circuito transmite señales de tensión positivas pero no las negativas.

En la figura 7.8 hemos vuelto a la disposición original de la figura 7.6, pero con *C* polarizado a – 2 V en lugar de a potencial de tierra. En este caso, el diodo conducirá siempre y *A* estará, por tanto, a – 2 V, mientras el punto *B* esté a cualquier potencial más positivo que – 2 V. Si, en cambio, se conecta una entrada a *B* que lo haga más negativo que – 2 V, el diodo dejará de conducir y el punto *A* seguirá la tensión del *B*. Cualquier tensión de entrada, o cualquier parte de ella, inferior a – 2 V, se transmitirá.

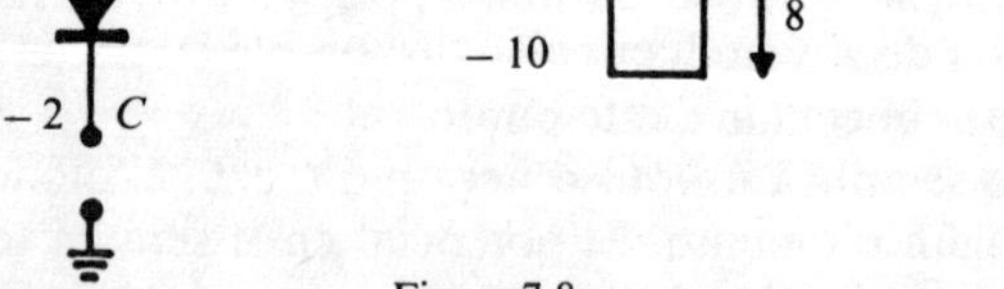

Figura 7.8

Por ello, si *B* está normalmente al potencial de tierra y se le aplica un pulso de entrada negativo, se obtendrá un pulso de salida negativo de 8 V de amplitud.

Respuestas de la figura 7.5:
(*a*) + 8, (*b*) + 10, (*c*) – 5, (*d*) + 10, (*e*) – 10, (*f*) – 20.

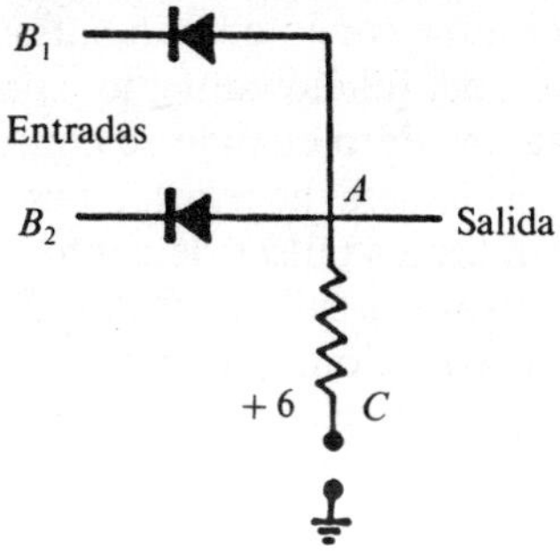

Figura 7.9

En la figura 7.9 se usan dos diodos en el circuito, el cual es importante en la lógica de cálculo discutida en el capítulo 9.

Supóngase que las dos líneas de entrada están normalmente a tierra pero que en B_1 y B_2 pueden aparecer pulsos positivos. En ausencia de pulsos, ambos diodos conducirán y la salida *A* estará al potencial de tierra, suponiendo que la caída de tensión en los diodos es cero. Si aparece un pulso positivo en una de las líneas de entrada, el diodo de esa línea dejará de conducir mientras dure el pulso, cuya altura se ha hecho que sea mucho mayor de 6 V de amplitud. Pero el diodo en la entrada sin pulso estará conduciendo todavía, de forma que el potencial de *A* permanecerá igual al de tierra. No habrá variación en el potencial de *A* y, por tanto, en la salida, si aparece un pulso de entrada en una sola de las líneas. Si, no obstante, aparece simultáneamente un pulso positivo en las dos líneas de entrada, ambos diodos dejarán de conducir, y la tensión en el punto *A* crecerá de cero a + 6 V y permanecerá en ese valor hasta que los pulsos de entrada finalicen. Entonces conducirán nuevamente los diodos y *A* volverá al potencial de tierra. Habrá un pulso positivo en la salida sólo si aparece simultáneamente en las dos líneas de entrada. Este circuito se denomina puerta AND.

7.2. Diodos reales

En las circunstancias anteriores se ha considerado que el diodo era un interruptor por el que no circulaba corriente cuando estaba abierto y en el que no había caída de tensión al permanecer cerrado. Esta simplificación está por lo común suficientemente justificada en la comprensión del funcionamiento global de los circuitos lógicos y de conmutación. Pero cuando se consideren los detalles de los circuitos prácticos, será necesario, por ejemplo, conocer cómo deben ser de grandes los pulsos de conmutación, y cómo serán de grandes los pulsos de salida resultantes; qué valor debe tener la tensión de polarización, y qué modificación es posible para que el interruptor funcione correctamente; y cuál será el efecto de un circuito sobre su vecino cuando la salida de uno alimenta la entrada del otro en un proceso lógico complicado.

Para determinar tales cuestiones de detalle debe especificarse primero si se van a emplear diodos termoiónicos o de estado sólido. Con diodos termoiónicos no habrá corriente inversa, pero la caída de tensión directa cuando estén conduciendo será bastante grande. Es mucho más probable que se usen diodos de estado sólido en la mayoría de las aplicaciones de conmutación, porque su pequeño tamaño, sencilla construcción y su facilidad de conexión permiten concentrar de forma barata varios de ellos en un espacio reducido. En cualquier lugar que se use el diodo, los detalles necesarios de funcionamiento se pueden determinar manejando la recta de carga y las características de la forma descrita en el capítulo 5.

7.3. Interruptores de transistor y pentodo

Se puede conseguir una mayor flexibilidad en la conmutación a expensas de una complejidad ligeramente mayor en el circuito si se utilizan transistores o pentodos en lugar de diodos. El interruptor se puede abrir y cerrar ahora aplicando una señal adecuada a la base o rejilla de control, y la acción amplificadora permite mantener la altura de los pulsos, frente a las pérdidas de tensión en las resistencias de los circuitos lógicos.

En las características de la figura 7.10, se ha dibujado la recta de carga para una resistencia en serie con la válvula o el transistor en una aplicación de conmutación. Nótese que, en contraste con el amplificador, la resistencia de carga en los circuitos de ánodo o colector se ha elegido ahora de forma que la recta de carga corta la zona más empinada de las características.

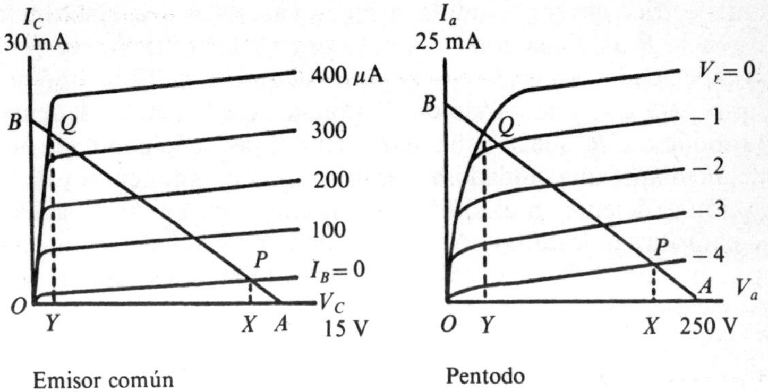

Figura 7.10

El punto de funcionamiento se conmuta de *P* a *Q* dando una salida que varía I_B o V_r en la forma adecuada dada por las características. Cuando el punto de trabajo se conmuta de *P* a *Q*, el potencial del colector o del ánodo varía de *X* a *Y*, y el pulso de salida es en general una versión amplificada e invertida del de entrada.

Veremos en el capítulo 9 que los interruptores de este tipo, particularmente los interruptores de transistor, se usan para las puertas AND y OR en lugar de los diodos, y que se encuentran muy frecuentemente en parejas y grupos mayores como generadores de pulsos y contadores.

7.4. Velocidad de conmutación

En la explicación de los diferentes interruptores, especialmente de aquellos utilizados en los circuitos lógicos, hemos considerado pulsos rectangulares como entradas o salidas. El suponer que un pulso es rectangular, implica que el potencial en un punto del circuito, por ejemplo la puerta de la entrada o de la salida, varía de un valor a otro en tiempo cero. Éste nunca puede ser el caso en la práctica y, particularmente en los computadores digitales, la velocidad de conmutación es una consideración de diseño importante.

Si el potencial de cualquier punto del circuito va a variar, una carga eléctrica deberá acumularse en él o abandonarlo. Habrá una resistencia *R* asociada con el camino que sigue el flujo de carga y una capacidad *C* asociada con el punto al que fluye. El tiempo necesario para que una variación de potencial tenga lugar depende del producto *CR*, que se debe mantener tan pequeño como sea posible, mediante una cuidadosa elección de los componentes y de la atención suficiente en el diseño del circuito para evitar capacidades parásitas indeseadas. Aparecen otros retardos determinados por el proceso físico dentro de los semiconductores, usados con predilección frente a las válvulas termoiónicas en los circuitos de alta velocidad. El tiempo necesario para que se difundan los portadores de carga por el material puede perfectamente ser significativo, por ello se han mejorado los procesos de fabricación de forma que los diodos y transistores rápidos en circuitos bien diseñados tienen tiempos de conmutación del orden de un nanosegundo (10^{-9} S).

8 Aplicaciones de la amplificación

En la descripción de la amplificación en el capítulo 6, subyacía la suposición de que se necesita un amplificador para manejar una señal de muy baja potencia —de, digamos, una antena, un sistema de tocadiscos estéreo o una fotocélula— y elevar así el nivel de potencia lo bastante para hacer funcionar un receptor telefónico, o un altavoz, o un relé mecánico.

Los amplificadores reales tienen a menudo varias etapas, siendo la última la que debe suministrar la potencia al altavoz u otro dispositivo de salida. Muchas veces, por tanto, esta etapa final tendrá una válvula o transistor mayor que el resto del amplificador y nos referiremos a ella como etapa de amplificación de potencia. Si el amplificador utiliza válvulas termoiónicas, la última requerirá una señal grande de tensión aplicada a su rejilla para generar la necesaria gran potencia de salida.

La función de las etapas iniciales, entonces, es amplificar la señal de tensión de entrada original hasta que este requisito quede satisfecho; por esta razón, a veces, nos referiremos a ellas como amplificador de tensión.

Pero la clasificación más importante de los amplificadores, que veremos más adelante, se hace en términos de frecuencia y ancho de banda. En concreto, consideraremos el amplificador sintonizado, que sólo responde a bandas de frecuencia comparativamente estrechas.

El fenómeno de realimentación negativa se ha encontrado en el capítulo 6, donde se observó que reduce la ganancia de un amplificador y aumenta el ancho de banda. En este capítulo veremos la aplicación de la realimentación positiva para convertir el amplificador en un oscilador, que es un generador de potencia eléctrica alterna a una frecuencia determinada por los componentes del circuito y, por tanto, entre otras cosas puede ser la base de un radiotransmisor.

8.1. Ancho de banda: amplificador sintonizado

En el apartado 6.8 se describieron los amplificadores de válvula y transistor con carga resistiva. Si la ganancia de tensión de tal amplificador se mide para diferentes frecuencias de señal, la respuesta en frecuencia tiene la forma general de la figura 8.1.

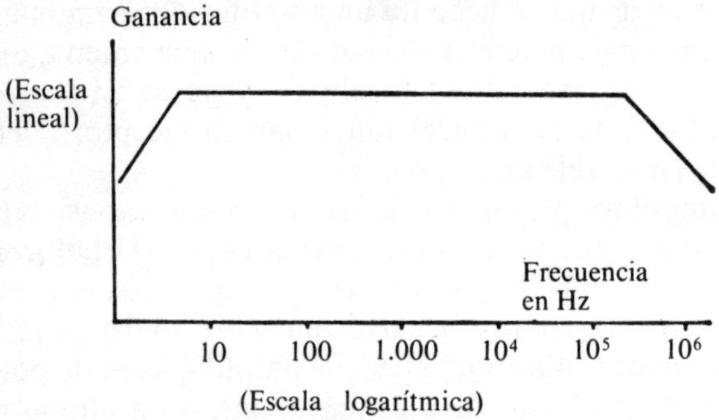

Figura 8.1

La ganancia es constante en un amplio margen de frecuencias, pero cae a frecuencias muy bajas o muy altas. Estas caídas de ganancia están provocadas por las capacidades del circuito. La caída a baja frecuencia es debida a un componente real, el condensador de acoplamiento C_A, mientras que la caída a alta frecuencia no se debe a una capacidad real sino a una parásita C_E, que aparece efectivamente entre los terminales de entrada (véase figura 8.2).

En la figura 8.2 se muestran las partes significativas del circuito de un amplificador de resistencias de dos etapas. R es la carga de la primera etapa, R_1 es la resistencia en la entrada de la segunda etapa y C_A es el condensador de acoplamiento cuyo propósito es llevar la señal de la primera a la segunda etapa sin pérdidas.

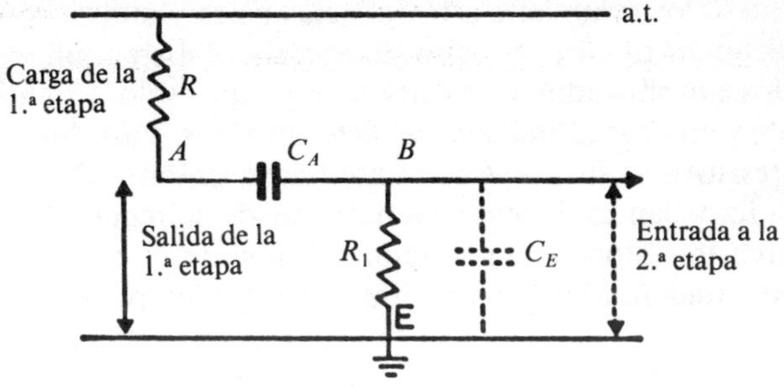

Figura 8.2

C_E no es un componente, pero representa determinado fenómeno físico que aparece en la válvula o el transistor y que tiene el mismo efecto sobre el funcionamiento del circuito que C_E, que tiene capacidad pequeña, probablemente de unos pocos picofaradios para una válvula y unos pocos cientos de picofaradios en un transistor.

A frecuencias muy bajas, la impedancia de C_A se hace significativa (véase el apartado 6.7) y parte de la tensión de salida de la primera etapa, obtenida entre A y tierra, cae entre A y B. La entrada a la segunda etapa es así menor de lo que debería y la ganancia total de las etapas combinadas disminuye.

Incluso con la caída de ganancia a altas y bajas frecuencias, el amplificador con cargas resistivas trabajará en un amplio margen de frecuencias, y puede aún aumentarse el ancho de banda con la realimentación negativa, a costa de una reducción en la ganancia. Si la ganancia es importante a frecuencias muy bajas, por ejemplo, una fracción muy pequeña de Hz, se puede diseñar el circuito de tal manera que no se necesite condensador de acoplamiento para mantener independientes entre sí los potenciales de continua de las dos etapas. Estos amplificadores se llaman de acoplamiento directo y se utilizan en aplicaciones especiales asociadas con el control de procesos, cálculo analógico, etc.

La ganancia de un amplificador depende muy directamente de la impedancia de su carga y, si la carga es una resistencia, la impedancia no variará con la frecuencia. Los amplificadores descritos hasta ahora tenían cargas resistivas y su ganancia era independiente de la frecuencia de la señal en un ancho de banda grande, cayendo su valor solamente a frecuencias bajas y altas a causa de efectos secundarios en el circuito. Existe, sin embargo, un requisito para los amplificadores selectivos, y es que sólo amplifiquen una banda estrecha de frecuencias determinadas. Para lograr esto la carga resistiva se sustituye por un circuito sintonizado en paralelo, cuya impedancia depende fuertemente de la frecuencia.

Un circuito sintonizado paralelo, o resonante en paralelo, consiste en un condensador *C* y una inductancia *L* en paralelo, como se ilustra en la figura 8.3. La resistencia de puntos dibujada no es un componente del circuito sino que representa el efecto de las pérdidas. La impedancia entre *A* y *B* tiene entonces una forma como la mostrada, creciendo hasta alcanzar un pico en f_o, la frecuencia de resonancia, donde:

$$f_o = \frac{f}{2\,\pi\sqrt{LC}}$$

(*L* en henrios, *C* en faradios y f_o en hertzios.)

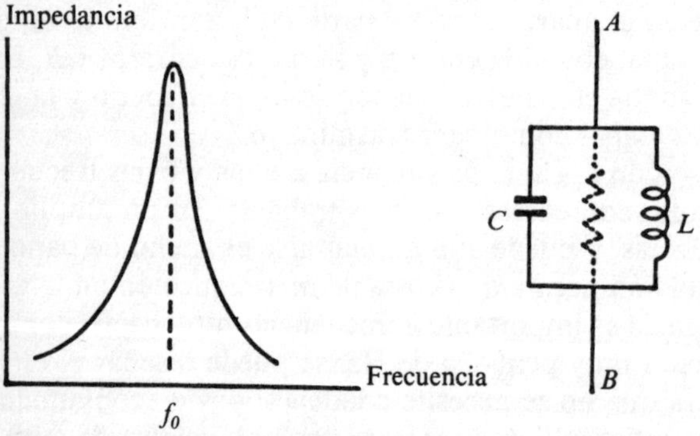

Figura 8.3

De hecho, la impedancia crecería infinitamente al producirse la resonancia; pero en cualquier circuito sintonizado real hay ciertas pérdidas cuando circula una corriente alterna por la inevitable resistencia de la inductancia, hilos de conexión, etc. Si estas pérdidas son grandes, la curva de resonancia se aplana y se dice que el circuito tiene un factor *Q* (factor de calidad) bajo.

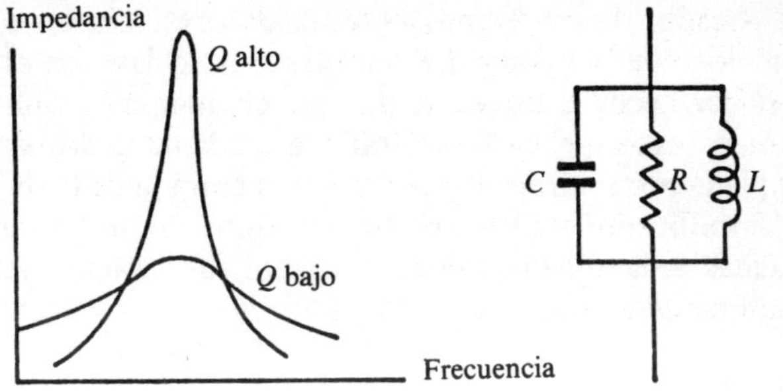

Figura 8.4

Las respuestas de circuitos con Q alto y bajo han sido dibujadas en la figura 8.4.

Ocasionalmente, las pérdidas resistivas en un circuito se aumentan de forma deliberada situando una resistencia R en paralelo, como se muestra, de forma que el circuito quedará sintonizado con menos precisión.

Si la resistencia de carga de un amplificador se sustituye por un circuito sintonizado paralelo, se hace selectivo y amplifica muy fuertemente señales de la frecuencia de resonancia y de una zona estrecha a cada lado de ella. No se amplifican otras señales. Estos amplificadores se usarán en receptores de radio para seleccionar la señal de un transmisor particular cuando hay presentes en la antena señales de otras muchas frecuencias.

En la figura 8.5 se muestran las partes importantes en c.a. de

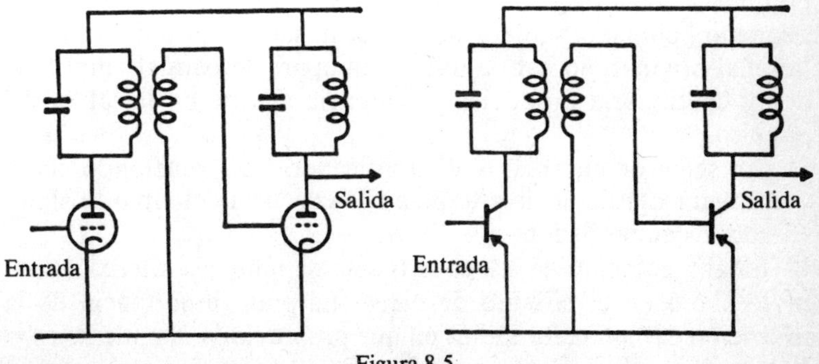

Figura 8.5

un amplificador de dos etapas sintonizado con circuitos resonantes paralelos como cargas. La conexión entre las dos etapas se podría haber hecho a través de un condensador de acoplamiento como antes, pero en el caso mostrado la salida de la primera etapa está acoplada por un transformador con la entrada de la segunda.

Un amplificador multietapa de este tipo, con todas las cargas sintonizadas a la misma frecuencia, será fuertemente selectivo. Ocasionalmente se sintonizan etapas sucesivas a frecuencias ligeramente distintas, de modo que la respuesta del amplificador tenga un ancho de banda mayor, centrado en la frecuencia requerida.

8.2. Realimentación positiva; oscilación

En los amplificadores sintonizados descritos en la última sección, había un transformador de acoplamiento entre las etapas, es decir, un pequeño devanado conectado a la entrada de la segunda etapa, situado cerca del bobinado del circuito de carga en la primera etapa, de forma que la transferencia de potencia tenía lugar por la inductancia mutua de los bobinados.

Supongamos que tomamos una única etapa del amplificador sintonizado y colocamos nuevamente un devanado cercano al bobinado del circuito de carga. Al aplicar una señal a los terminales de entrada, aparecerá una versión amplificada en el circuito de salida y se inducirá una tensión en el pequeño arrollamiento.

Tomemos ahora este pequeño bobinado y conectémoslo a los terminales de entrada del amplificador, al mismo tiempo que se elimina la señal original de entrada. Si la tensión inducida en el pequeño bobinado hubiera sido de la misma amplitud y fase que la señal original, no habría diferencia aparente para el amplificador y continuaría produciendo potencia alterna en la salida del circuito.

Sin señal de entrada, el «amplificador» está generando ahora continuamente potencia alterna a la frecuencia del circuito sintonizado. Es un oscilador.

La alimentación de a.t. es la fuente de potencia alterna disponible ahora en el circuito de carga. La gran importancia de la invención del oscilador radica en que proporciona una fuente controlada de oscilaciones de radiofrecuencia a una frecuencia deter-

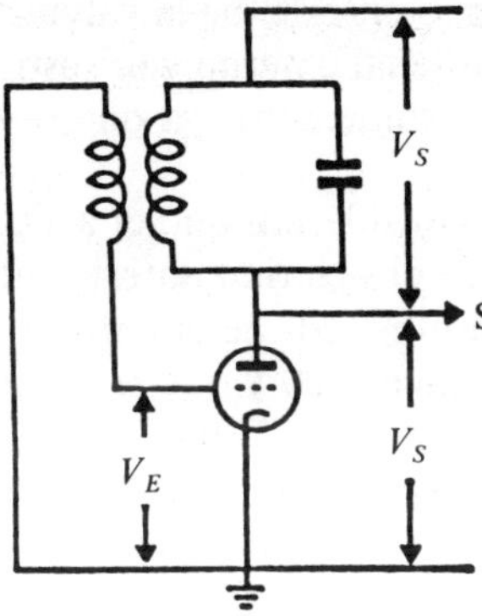

Figura 8.6

minada. Se ha convertido en el fundamento de los sofisticados sistemas de radio modernos que han sustituido a las primitivas comunicaciones por hilos de descarga disruptiva de todo-nada.

En el oscilador dibujado en la figura 8.6, se ven los circuitos significativos de c.a., pudiendo ser el elemento activo igualmente un transistor en lugar de una válvula.

La tensión de salida del oscilador es V_S, que es la tensión en la carga y, en concreto, entre los extremos del bobinado del circuito sintonizado.

Mediante la creación de transformación, se induce una porción de esta tensión alterna en el pequeño arrollamiento y es aplicada a los terminales de entrada.

Esta tensión es V_E y, por tanto, la ganancia conseguida con el elemento activo es:

$$Q = \frac{V_S}{V_E}$$

Para que se produzca oscilación, se observa que el acoplamiento entre las dos bobinas debe ser tal que la tensión de realimentación sea exactamente $1/Q$ de la tensión de salida y que la fase de la entrada también debe ser correcta.

En realidad, los requisitos no son tan rigurosos ya que el circuito en cierta medida es autoajustable.

Consideremos primero cómo se establecen las oscilaciones en los circuitos osciladores prácticos donde la bobina de realimentación ya está conectada a la entrada de la válvula o el transistor. La forma en que se retira la señal externa y se sustituye por la tensión de realimentación no se comentará, ya que se dio la explicación unos párrafos antes.

En primer lugar, se considerará que el acoplamiento entre las dos bobinas es mayor que el sugerido anteriormente, de forma que se realimenta una fracción mayor de la tensión de salida que $1/Q$. Supóngase que la ganancia es 100 y que se realimenta una tensión igual al 2 por 100 de la tensión de salida.

Cuando se conecta el oscilador, el choque eléctrico provocará la aparición de oscilaciones de pequeña amplitud en el circuito sintonizado, a su frecuencia de resonancia.

La pequeña corriente oscilante en la carga significará que existe una tensión alterna muy pequeña en ella, y que el 2 por 100 de esta tensión está realimentando los terminales de entrada. Como la ganancia de tensión es 100 V, una tensión del doble de amplitud de la oscilación producida por el choque eléctrico aparecerá ahora en el circuito sintonizado.

La nueva entrada será el 2 por 100 de esta tensión mayor y habrá un aumento correspondiente de la amplitud de las oscilaciones en el circuito sintonizado. Así, cuando se conecta un oscilador, habrá una rápida acumulación de oscilaciones, suponiendo que el porcentaje original de realimentación se supere en un cierto valor, que será pequeño en los circuitos de ganancia alta.

La amplitud final de las oscilaciones está limitada por el hecho de que la válvula o el transistor acabarán siendo llevados a su región de no linealidad cuando las tensiones se hagan grandes. En la zona no lineal, la ganancia se hace menor, y por tanto cuanto mayor sea la incursión del circuito en esta zona, menor se hará la ganancia principal. La amplitud de las oscilaciones acumulativas hasta que se produce la incursión en la zona no lineal, es suficiente para reducir la ganancia efectiva a un valor para el cual el porcentaje de realimentación mantendrá la amplitud en un valor constante, es decir, en el sencillo caso anterior la ganancia principal se reducirá a 50.

Existe un requisito fundamental, y es que la bobina de realimentación se conecte en el sentido correcto a la entrada de la válvula o el transistor. Si se invierten las conexiones, habrá un desfase de 180 grados y no será posible la oscilación. Aparte de esto, no es importante que la relación de fase se haga perfectamente correcta cuando se construye el circuito. Suponiendo que haya suficiente realimentación, la tensión aplicada a los terminales de entrada tendrá una componente de la fase correcta suficientemente grande para provocar la oscilación incluso si su propia fase no es plenamente correcta.

En algunos osciladores la bobina de realimentación tiene situado un condensador en paralelo, de forma que hay un circuito sintonizado tanto en el lado de salida como en el de entrada de la válvula o el transistor. En general ambos circuitos estarán sintonizados a la misma frecuencia de resonancia, pero en la práctica habrá normalmente una ligera diferencia. La frecuencia real de oscilación está determinada por el circuito que tiene mayor Q.

En los transmisores de radio es importante que la frecuencia no varíe con el tiempo; en tales aplicaciones uno de los circuitos sintonizados podría hacerse con gran cuidado para tener un Q alto. En funcionamiento, estos circuitos podrían mantenerse bajo condiciones de temperatura constante en una cámara para conseguir una buena estabilidad de frecuencia. Un cristal de cuarzo adecuado con dos placas de metal en dos caras opuestas puede comportarse en muchos aspectos como un circuito sintonizado cuando se le aplica una tensión alterna entre las dos caras. El circuito sintonizado resultante tiene una Q muy grande, por ello los osciladores con cristal, con disposiciones especiales de realimentación que sustituyen al transformador de acoplamiento considerado anteriormente, se usan comúnmente cuando se requiere una gran estabilidad.

8.3. Eficiencia de los amplificadores y los osciladores

La eficiencia de un amplificador o un oscilador puede definirse como la razón entre la potencia alterna de salida y la potencia total de entrada. Varios aspectos, como la potencia del calentador de una válvula, podrían incluirse en la potencia total de entrada, pero la componente principal es la potencia continua obtenida de la alimentación de a.t.

La eficiencia es una consideración práctica importante en los circuitos de alta potencia, en los que un pequeño porcentaje de diferencia en la eficiencia puede significar una gran cantidad absoluta de potencia. Esto es caro y quizá es más costoso aún el tener que disipar la potencia malgastada en el circuito en forma de calor. En un aparato que funcione con una batería, probablemente sea necesario considerar cuidadosamente la eficiencia incluso a niveles bajos de potencia.

Ya hemos considerado algunos aspectos de la eficiencia de un amplificador (página 125), donde vimos que el punto de funcionamiento en ausencia de señal se podía elegir con una corriente tan baja como fuera posible, ya que ésta supondrá la corriente principal obtenida de la alimentación de a.t. Las circunstancias consideradas fueron aquellas que se daban cuando había una corriente sinusoidal circulando por la válvula o el transistor, con una tensión sinusoidal en los terminales de entrada y de salida. Este funcionamiento se denomina a veces como en clase A, circula una intensidad por el elemento activo durante los 360 grados completos del ciclo de la tensión de entrada o salida.

Haciendo descender el punto de funcionamiento, la corriente principal extraída de la alimentación de a.t. se reduce y la eficiencia aumenta. Pero si el proceso continúa, medio ciclo de la tensión de entrada se extenderá por debajo de la zona de corte, circulará corriente para una cantidad de grados menor que 360 y se producirá generalmente una distorsión inaceptable.

Existen, sin embargo, determinadas circunstancias bajo las cuales se puede tener un «ángulo de conducción» menor que 360 grados, con la ventaja de una mayor eficiencia pero sin la desventaja de la distorsión.

El circuito LC en paralelo, que es la carga de un amplificador sintonizado, es un sistema resonante y en él aparecerá una tensión sinusoidal ininterrumpida a la frecuencia de resonancia, incluso si la corriente sólo circula por él durante un corto intervalo una vez por ciclo. De la misma manera que no es necesario para columpiar a un niño empujarlo o tirar de él todo el tiempo; un empujón seco una vez por ciclo mantendrá la amplitud del movimiento.

Un amplificador en clase C es tal que la válvula o el transistor están polarizados muy por debajo del corte y sólo los valores más altos del semiciclo de la entrada producen conducción. El ángulo de conducción puede ser sólo de 30 grados, pero durante este periodo se suministra suficiente energía al circuito sintonizado para mantener la amplitud de la tensión sinusoidal de salida. La eficiencia es muy alta, pero el amplificador sólo se puede utilizar para una frecuencia —la de resonancia del circuito sintonizado.

Un amplificador en clase B es aquel en que el ángulo de conducción es de 180 grados, y la eficiencia es, por tanto, mayor que en clase A.

La válvula o el transistor se polarizan justo al corte, con lo que sólo un semiciclo provoca circulación de corriente.

La carga no es un circuito sintonizado, pero se obtiene una salida sin distorsión utilizando una pareja de válvulas o transistores en lo que se conoce como montaje *push-pull.* Cada uno de ellos amplifica un semiciclo distinto, y se combinan las dos salidas en una única resistencia de carga o transformador para obtener la onda sinusoidal completa. Se obtiene la ventaja de una mayor eficiencia manteniendo además la capacidad del funcionamiento en clase A para amplificar un extenso margen de frecuencias.

Si se utiliza la amplificación de una realimentación adecuada para convertir el amplificador en un oscilador, siguen siendo aplicables las condiciones generales para la eficiencia señaladas anteriormente.

Se aplican diferentes condiciones en los diferentes amplificadores y osciladores; por ejemplo, sólo en los osciladores habrá siempre una señal presente y sólo en el funcionamiento en clase A hay siempre una corriente por el elemento activo. A causa de esta variedad se utilizan diferentes métodos para lograr las condiciones de polarización buscadas.

8.4. Osciladores de relajación; multivibrador

En los osciladores descritos anteriormente, se realimenta la válvula o el transistor con una pequeña fracción de la tensión alterna disponible en los terminales de salida. Y se mantienen así las oscilaciones sinusoidales a la frecuencia determinada por el circuito sintonizado.

Existe otro tipo importante de oscilador en el que toda la tensión que aparece en los terminales de salida se aplica a la entrada de la válvula o el transistor. Como resultado de esta gran reali-

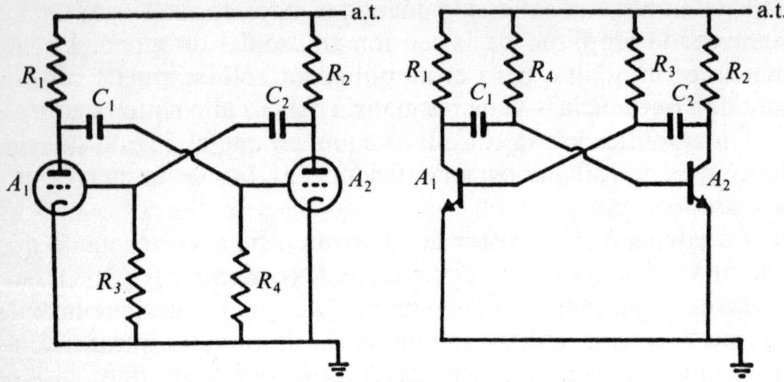

Figura 8.7

mentación, el punto de funcionamiento no sólo se traslada a la zona no lineal de la característica, sino más allá de ella, de forma que la válvula o el transistor están cortados en periodos de tiempo comparativamente largos. Estos osciladores se denominan a veces osciladores de relajación; la salida consiste en pulsos de tensión prácticamente cuadrados de duración y frecuencia determinados por los condensadores y resistencias del circuito.

La figura 8.7 muestra un oscilador de relajación denominado multivibrador (en versiones con válvulas y transistores).

Aunque la posición de algunos componentes es ligeramente diferente, el multivibrador es esencialmente un amplificador de dos etapas normal y corriente, con la salida de la segunda etapa conectada a la entrada de la primera. El lector puede confirmar esto observando los dos circuitos.

Cuando el multivibrador está en funcionamiento, la salida, que puede tomarse de cualquiera de los dos ánodos o colectores, consiste en un tren de pulsos de tensión cuadrados. Los dos elementos activos del circuito están alternativamente al corte y en saturación, con uno cortado y el otro conduciendo en cada instante.

Consideremos con más detalle un ciclo del funcionamiento del circuito, comenzando con la suposición de que el potencial en el terminal izquierdo de C_2 cae bruscamente. Observaremos qué es lo que ocurre entonces y veremos cómo a lo largo del ciclo el potencial del terminal izquierdo de C_2 cae repentinamente, es decir, el ciclo vuelve a comenzar.

Cuando disminuye el potencial del extremo izquierdo de C_2, también lo hace el de la rejilla o la base de A_1, y este componente queda cortado. No circula corriente por A_1, o la carga R_1, así que el ánodo o el colector alcanzan el potencial de la a.t.

La cara izquierda de C_1, al estar conectada al extremo inferior de R_1, aumentará también su potencial. El terminal derecho de C_1 adquirirá simultáneamente igual cantidad de potencial que el izquierdo, porque se requiere cierto tiempo para que la carga que circula por el circuito varíe la diferencia de potencial entre las cargas de un condensador. Este súbito aumento de la tensión de la cara derecha de C_1 es el mismo que sufren la rejilla o la base de A_2, con lo que se asegura que este componente quede saturado.

Considérese nuevamente el estado de la cara izquierda de C_2, en la que el potencial ha bajado bruscamente, cortando A_1. Circulará ahora una corriente por R_3, que tenderá a restablecer el potencial original en el extremo izquierdo de C_2.

Este aumento de potencial tendrá lugar exponencialmente a una velocidad determinada por la constante de tiempo del circuito, C_2R_2. Durante este tiempo A_1 permanece cortado, pero después de cierto intervalo, determinado principalmente por C_2R_3, la tensión en la cara izquierda, y por tanto la rejilla o la base, alcanzará el valor para el que A_1 conduce.

Al conducir A_1 circula corriente por R_1 y el potencial en su extremo inferior cae. Esta caída se transmite a través de C_1 a la rejilla o la base de A_2, que de este modo queda cortado. A_2 permanece así durante cierto tiempo, determinado por el tiempo que C_1 necesita para cargarse a través de R_4 de la misma manera descrita anteriormente para C_2R_3.

Cuando A_2 conduce de nuevo, el potencial del extremo inferior de R_2 cae bruscamente, y esta caída de tensión se transmite a través de C_2. El potencial de la cara izquierda de C_2 cae rápidamente, llevándonos a la situación desde la que empezamos a describir el ciclo.

Por lo tanto, el ánodo y el colector conmutan su tensión entre el valor de la a.t. y un potencial mucho más bajo, y la salida del multivibrador, tomada de uno de los ánodos o de los colectores, tiene la forma ideal de la figura 8.8 (*a*).

La acción amplificadora y una realimentación del 100 por 100 son esenciales para producir la conmutación brusca de los elemen-

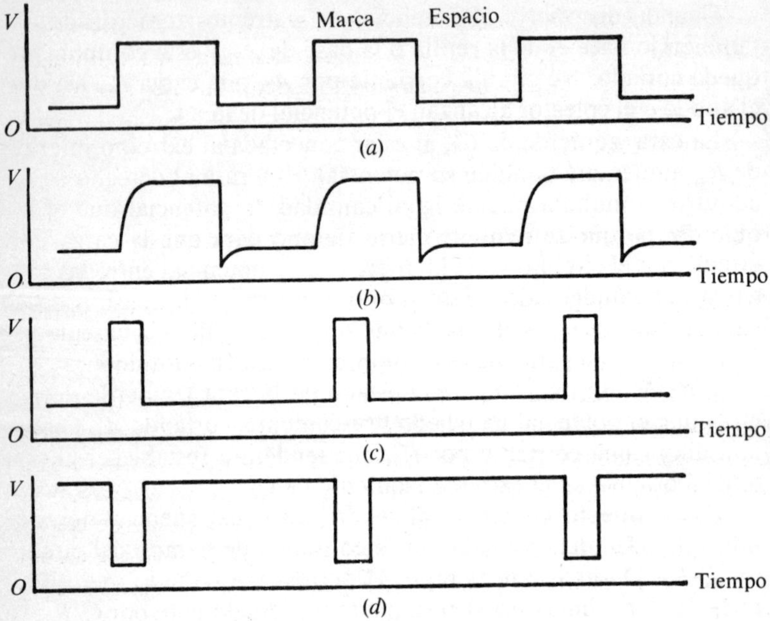

Figura 8.8

tos activos entre los estados de corte y saturación. Una pequeña variación en la tensión de una rejilla o una base provocará una variación amplificada en sentido inverso a la salida de ese elemento. Esta salida realimenta la entrada de la otra etapa y posteriormente, amplificada con un nuevo cambio de signo, la rejilla o base iniciales, para dar así una nueva variación de potencial del mismo sentido que el pequeño cambio que inició el proceso.

En la práctica, a causa de capacidades adicionales en el circuito y a otros efectos, las ondas «cuadradas» tendrán probablemente esquinas redondeadas y picos parecidos a los mostrados en (*b*). Si fuera necesario, se puede mejorar la forma con métodos electrónicos diversos, incluyendo el recorte superior o inferior de la onda con diodos, como se explicó en la página 141.

El tiempo que cada elemento activo está cortado depende del *C* y la *R* correspondientes, y, si las dos mitades del circuito son simétricas, la razón marca/espacio será la unidad, es decir, cada elemento activo estará cortado y saturado el mismo tiempo.

Si las dos mitades no son simétricas, los tiempos de encendido y apagado no serán iguales, y la salida de una de las válvulas o transistores será un tren de pulsos cortos separados entre sí por espacios anchos (*c*) y la otra será complementaria, pulsos largos y espacios cortos (*d*).

8.5. Multivibradores monoestable y biestable

En el multivibrador de oscilación libre *(free-running),* o astable, la polarización continua de las dos etapas es tal que si estuvieran lo bastante separadas ambas estarían en conducción. Es únicamente la transmisión de una caída brusca de potencial de una etapa a otra lo que hace que se produzca el corte. Pero éste no es un estado estable y si, por ejemplo, A_1 está cortado, sólo permanece así el tiempo necesario para que se cargue un condensador. A_1 vuelve entonces al estado de conducción. Al hacerlo, sin embargo, transmite una caída de potencial a A_2, que queda cortado y a continuación transcurre un cierto tiempo hasta que vuelve a conducir.

En el multivibrador monoestable, se aplica una polarización continua a uno de los elementos activos, digamos A_1, de forma que se mantenga normalmente en el estado de corte. El estado estable del circuito es tal que A_1 está cortado y A_2 saturado.

Si se le aplica a la entrada de A_1 un pulso proveniente de una fuente externa, suponiendo que el pulso sea de amplitud suficiente y polaridad adecuada, A_1 conducirá. En este instante, A_1 transmitirá una caída de potencial a la salida de A_2, que quedará cortado. El aumento de tensión que se produce en la salida de A_2 realimenta la entrada de A_1, manteniéndolo en estado de conducción.

Pero A_2 sólo permanecerá cortado durante el tiempo necesario para que se cargue el condensador correspondiente. Cuando A_2 vuelve al estado de conducción, transmitirá una caída de potencial a la entrada de A_1, que quedará cortado porque ahora el pulso externo ha finalizado y la polarización fija de A_1 no está en oposición con la salida de A_2.

Una vez que A_1 está cortado otra vez, permanecerá así hasta la llegada de otro pulso adecuado de una fuente externa.

La llegada del pulso a la entrada de A_1 provocará un aumento de potencial en su terminal de salida, que permanece en este potencial alto cierto tiempo, determinado por el valor *CR* correspondiente, y a continuación cae al potencial inicial. Habrá un pulso cuadrado de longitud y amplitud fijas a la salida del circuito por cada pulso adecuado a la entrada. La única restricción impuesta a la forma del pulso de entrada es que su polaridad sea correcta y su amplitud exceda un valor determinado.

El multivibrador monoestable dará un pulso cuadrado estándar cuando sea disparado por cualquier impulso, el cual, en un amplio margen, puede tener cualquier forma.

En el multivibrador biestable, los dos elementos activos están polarizados de forma que hay dos posibles estados estables en el circuito: A_1 cortado, A_2 saturado y A_1 saturado, A_2 cortado.

Si A_1 está cortado, su salida estará a un potencial alto que hará que A_2 permanezca saturado a pesar de su polarización. Pero si se aplica un pulso adecuado a A_1, se sobrepasará la saturación, la salida de A_1 caerá y también la entrada de A_2, cortándose éste. A_2 permanecerá cortado a causa de la polarización y A_1 quedará saturado. Sólo cuando se le aplique un pulso adecuado a su entrada, A_2 se saturará y se cortará A_1.

Si se toma la salida del circuito de A_2, será un pulso cuadrado. Pasará al estado alto cuando llegue el primer pulso a la entrada de A_1 permaneciendo así hasta que el segundo impulso de disparo llegue a la entrada de A_2. El estado alto del pulso de salida y su duración están controlados por impulsos de disparo de dos fuentes diferentes, una aplicada a A_1 y la otra a A_2.

Como se observa, el multivibrador biestable tiene aplicación en la generación de pulsos y con las modificaciones pertinentes tiene un papel importante como contador (véase página 172).

9 Aplicaciones de la conmutación

El interruptor que nos es más familiar es aquel en el que realizamos un movimiento mecánico para que se aplique o desconecte una potencia eléctrica de una bombilla, un horno, un receptor de televisión o el motor de un refrigerador o de una lavadora. A veces se puede eliminar la necesidad de la acción del hombre incorporando un mecanismo de relojería o un termostato, de forma que el interruptor funcione sin ayuda, en determinado momento o a cierta temperatura. Ocasionalmente, esta acción automática puede ser electrónica, por ejemplo, una célula fotoeléctrica puede aportar la entrada para poner en funcionamiento un interruptor de válvula o transistor.

Pero la propiedad fuera de serie de un interruptor electrónico es la gran velocidad con que se puede encender y apagar. Esto no resulta muy importante en las aplicaciones citadas. Es predominantemente en el campo de la electricidad en general y de la electrónica en particular, donde los fenómenos ocurren con tal rapidez que se necesita una alta velocidad de conmutación. En consecuencia, los interruptores electrónicos se aplican más frecuentemente en estos campos, donde ofrecen la única solución relativamente simple al problema de la velocidad y donde sus requisitos de potencia y conexión y sus propiedades en general son compatibles con el resto del equipo. Consideraremos a continuación algunas aplicaciones clásicas de este tipo.

9.1. Rectificación

Por motivos asociados con la economía de la transmisión y la generación, la potencia básica disponible en cualquier comunidad es normalmente una fuente de alterna.

La fuente de tensión oscila, en general, sinusoidalmente, como se ve en la figura 9.1, y la frecuencia es por lo común de 50 ó 60 Hz. Se puede utilizar inmodificada para calefacción, iluminación y algunos motores eléctricos. Pero existen muchas aplicaciones en que las cargas alimentadas necesitan que se les aplique una diferencia de potencial de polaridad fija, es decir, necesitan una intensidad de

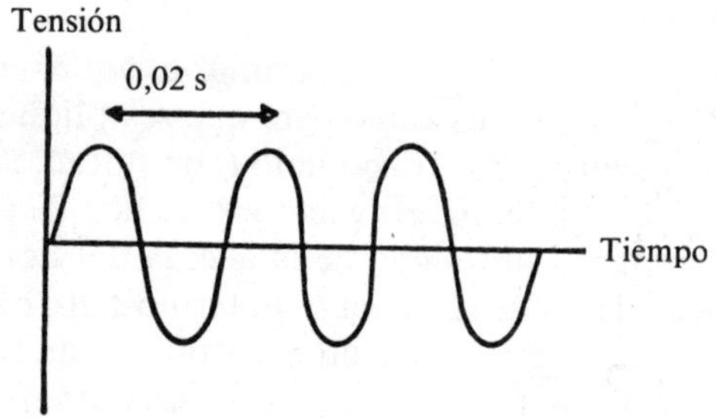

Figura 9.1

circulación unidireccional. En los casos en los que se requiere una fuente de c.c., se rectifica la alimentación de la red de c.a. utilizando circuitos como los que se describirán más adelante.

En la figura 9.2 (*a*) la tensión de alimentación sinusoidal se conecta entre *A* y *B*. Cuando *A* es positivo respecto a *B*, el diodo conducirá y circulará corriente por la carga, que está representada

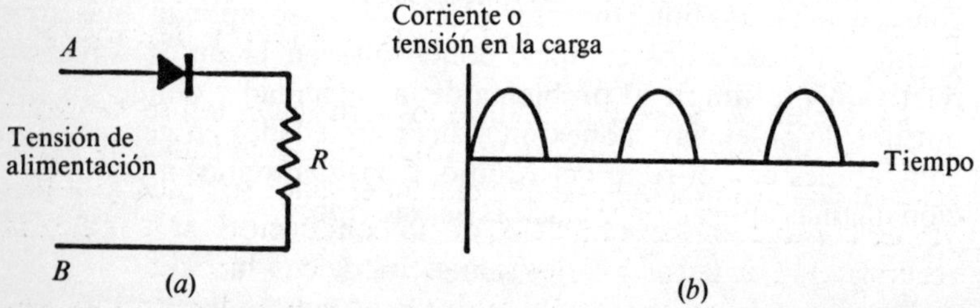

Figura 9.2

por la resistencia *R*. En el otro semiciclo de la tensión de red, el diodo no conduce y por tanto no habrá corriente.

El diodo actúa como un conmutador que sólo conecta la carga a la red cuando la tensión es de la polaridad requerida.

Para una tensión de alimentación sinusoidal, la corriente que circula por la carga y la diferencia de potencial en ella consiste en semiondas sinusoidales, como las dibujadas en la figura 9.2 (*b*). Este circuito se denomina rectificador de media onda.

Aunque la corriente de salida del rectificador es siempre del mismo sentido, está muy lejos de tener un valor continuo y podría ser de lo más inadecuada para muchas cargas. Se pueden introducir dos modificaciones para asegurar una salida más suave del rectificador.

En la figura 9.3 (*a*) se coloca entre los terminales de salida y en paralelo con la carga un condensador de filtro. Cuando el diodo conduce, circula intensidad por la carga como antes, pero ahora además se carga el condensador *C*, como se muestra. En los semi-

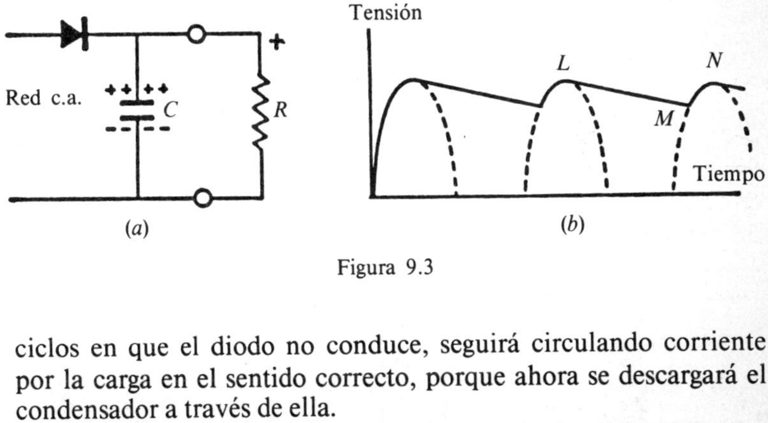

Figura 9.3

ciclos en que el diodo no conduce, seguirá circulando corriente por la carga en el sentido correcto, porque ahora se descargará el condensador a través de ella.

La diferencia de potencial entre los terminales del rectificador se puede observar en la figura 9.3 (*b*), donde *LM* indica la caída gradual de tensión a medida que el condensador se descarga a través de la carga en los semiciclos de no conducción. *MN* indica la recuperación de tensión en los semiciclos de conducción.

La variación en la tensión de salida ha sido reducida a un «rizado» relativamente pequeño. El rizado puede considerarse como

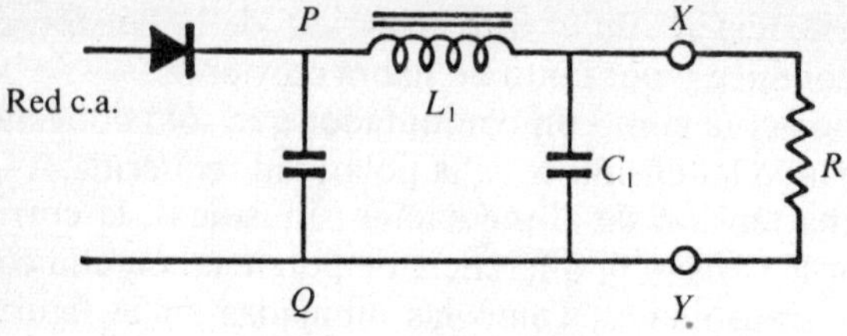

Figura 9.4

una tensión alterna superpuesta a la salida de continua buscada. Puede reducirse añadiendo un condensador adicional grande, o una gran inductancia, o choque, como circuito de filtro.

En la figura 9.4 se ha incluido el circuito de filtro para reducir el rizado de alterna. Si existe una diferencia de potencial alterna dada entre los puntos P y Q, esta misma diferencia existirá en el camino PXY. A lo largo de este camino, parte de la caída de tensión se producirá en PX y el resto en XY, en una relación igual que la existente entre la bobina L_1 y el condensador C_1. Estos componentes se eligen de forma que una gran parte de la tensión alterna entre P e Y caen entre P y X, y sólo aparece ahora una pequeña fracción del rizado original en los terminales de salida XY.

El circuito rectificador mostrado en la figura 9.5 (*a*) tiene como alimentación la red a través de un transformador, que tiene una toma central en X.

En el semiciclo de la tensión de red en el que A es positivo respecto a X, conducirá el diodo D_1, y circulará intensidad por R. En

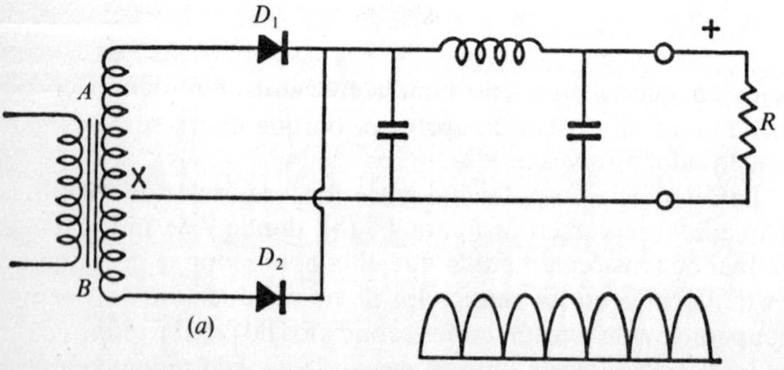

Figura 9.5

el otro semiciclo, *B* será positivo respecto a *X* y conducirá el diodo D_2. Circulará corriente en el mismo sentido que cuando conduce D_1. En ausencia del condensador y el circuito de filtro, la tensión que aparece en los terminales de salida y por tanto en la carga externa *R* tendrá la forma de la figura 9.5 (*b*).

Los diodos conectan alternativamente el extremo superior de *R* a los puntos *A* y *B* cuando éstos adquieren tensiones positivas respecto a *X*. La tensión aplicada a *R* es, por tanto, la misma que hay entre *AX* o *BX*, es decir, la mitad de la tensión del secundario del transformador. El condensador y el circuito de filtro tienen el mismo efecto que antes para conseguir tensión continua a la salida. Este circuito se denomina rectificador de doble onda.

9.2. Demodulación

En el capítulo 1 (página 32) vimos que el método común de transmitir información, y en concreto voz y música, es modulando la amplitud de una onda portadora de radiofrecuencia (r. f.).

La corriente alterna producida en la antena receptora tiene la forma que se muestra en la figura 9.6, y será función del radiorreceptor procesar esta débil señal de modo que se extraiga de ella la envolvente de audiofrecuencia, y se pueda disponer de ella a un nivel suficiente de potencia para hacer funcionar un altavoz o un transductor acústico similar.

Si la señal modulada de r.f. de la figura 9.6 se aplica a los terminales *AB* del circuito de la figura 9.7 (*a*), el diodo conducirá durante los semiciclos positivos de la tensión de r.f. y sólo circulará corriente durante estos períodos. Si no hubiese condensador en

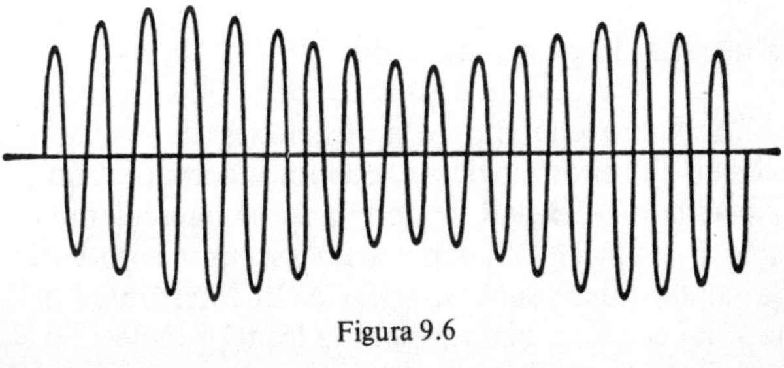

Figura 9.6

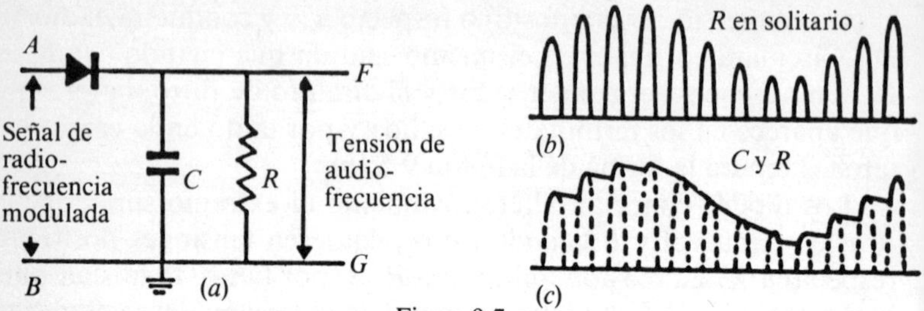

Figura 9.7

el circuito, la corriente y la tensión en *R* tendrían la forma indicada en la figura 9.7 (*b*). Pero la existencia del condensador tiene el mismo efecto que el condensador de filtro en los circuitos rectificadores descritos anteriormente.

El condensador se carga durante los semiciclos de conducción, y los picos de tensión que se alcanzan en cada semiciclo tienden a mantenerse hasta el siguiente, porque la descarga tiene lugar en *R* de forma lenta. La tensión *C*, y por tanto en *R*, tiene ahora la forma indicada por la línea continua de la figura 9.7 (*c*). La velocidad a la que se carga y descarga el condensador a través de la resistencia está determinada por la constante de tiempo *C* (en faradios) $\times$ *R* (en ohmios). En este circuito *CR* (en segundos) sería grande comparada con el periodo de la señal de r.f. y corto comparado con el de la moduladora de a.f.

Bajo tales circunstancias, la salida de este circuito detector o demodulador, que se toma entre *F* y *G*, es una tensión de audiofrecuencia con un ligero rizado de r.f. superpuesto. Esta tensión pasará, a través de un amplificador de audiofrecuencia, a un altavoz, que responderá a la a.f. y será insensible al rizado de r.f.

9.3. Puertas, lógica y cálculo

El lector habrá encontrado aplicaciones de los interruptores mecánicos en circuitos «lógicos». Ejemplos comunes son el encender o apagar la luz del hall desde lo alto de la escalera o desde su parte baja, o el hacer detenerse a un ascensor sólo en los pisos donde la gente quiere subir o apearse. El interruptor de la figura 9.8 permite conectar el terminal *C* a los terminales *A* o *B*.

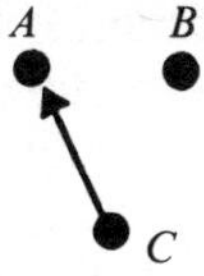

Figura 9.8

Dispónganse dos de estos interruptores en un circuito con una pila y una bombilla de forma que la bombilla pueda encenderse o apagarse con cada interruptor. Un posible circuito se muestra en la figura 9.9, pero se sugiere al lector intentar resolver el problema antes de mirar el diagrama o de continuar leyendo.

Si el par de hilos entre los dos interruptores del diagrama se llaman 0 y 1, respectivamente, la luz está encendida cuando las posiciones del interruptor son 00 ó 11, pero está apagada cuando las posiciones son 01 ó 10.

El bloque de la figura 9.10 representa un conmutador de polos con el interruptor en una posición, la línea marcada con 0 está conectada a *P* y la marcada con 1 está conectada a *Q*. Con el interruptor en la otra posición, 0 está conectado a *Q* y 1 a *P*.

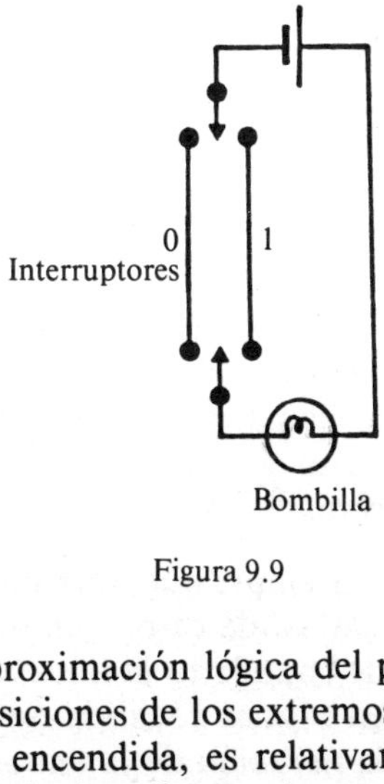

Figura 9.9

Utilizando la aproximación lógica del párrafo anterior, donde 00 y 11 para las posiciones de los extremos del interruptor representan la bombilla encendida, es relativamente fácil ver que se puede intercalar cualquier número de conmutadores de polos en la línea doble uniendo sus extremos. La bombilla se puede así encender y apagar desde dos interruptores extremos o desde cualquiera de los conmutadores de polos intercalados.

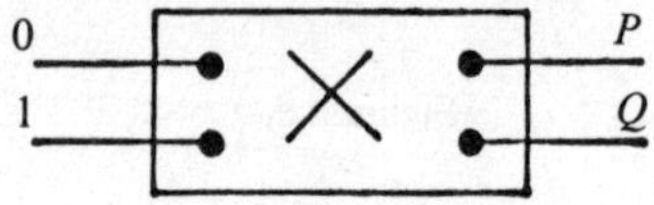

Conmutador de polos

Figura 9.10

Los símbolos 0 y 1 se han elegido arbitrariamente, pero el lector se habrá dado cuenta de que son los números utilizados en la aritmética binaria de los computadores electrónicos modernos. En este campo más que en ningún otro se utiliza un número enorme de interruptores electrónicos.

En la página 141 vimos cómo se podían usar dos diodos juntos para formar un interruptor especial denominado AND. En esta sección estudiaremos cómo se puede hacer que esta puerta y otras similares realicen algunos de los procesos fundamentales de cálculo.

Hagamos primeramente una lista de alguna de las partes componentes utilizadas para efectuar operaciones aritméticas.

Puerta AND

Se necesita un pulso en ambas líneas de entrada para tener un pulso a la salida.

Puerta OR

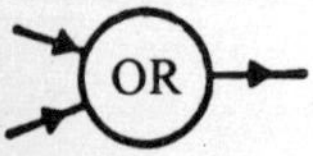

Un pulso en cualquiera de las líneas de entrada da un pulso en la salida. A veces se le llama puerta OR exclusiva porque un pulso en *ambas* líneas de entrada da salida cero.

Inversor

Siempre que haya un pulso en la entrada hay salida cero. Siempre que haya un cero de entrada en la línea *A* se genera un pulso en la línea de salida. Se dice que la salida es la negación de la entrada, o la entrada invertida.

Un inversor se puede hacer introduciendo pulsos de reloj en una entrada de una puerta OR y el número a negar en la otra entrada.

Los pulsos de reloj son pulsos generados de forma regularmente espaciada (véase página 158), cuya función es suministrar el dato de la escala de tiempos con la que funciona el computador. Cada pulso de reloj define un instante de tiempo y, en cada punto del computador, el 1 o el 0 de un número binario está representado por la presencia o ausencia de un pulso en ese punto en cada instante en que se produce un pulso de reloj. Por tanto, el número 11 podría representarse por dos pulsos que se produjesen en el instante en que lo hacen dos pulsos sucesivos de reloj, mientras 101 estaría representado por un pulso, un espacio y un pulso respectivamente que se produjesen en tres impulsos de reloj sucesivos.

Al lector le satisfará saber que, si un tren de pulsos irregular que represente un número binario se introduce en una entrada de una puerta OR y se aplica a la otra entrada un tren de pulsos de reloj, la salida será un tren irregular de pulsos que será la negación del número introducido, es decir, todo 1 en el número original pasa a ser 0 y todo 0 pasa a ser 1 (1101001 pasa a ser 0010110).

Antes de combinar las unidades anteriores en un sencillo circuito sumador, merece la pena recordar las reglas de la aritmética binaria.

Sólo se usan dos dígitos 0 y 1. Los diferentes dígitos de un número representan 2^0, 2^1, 2^2, 2^3, etc., igual que en el sistema decimal representan 10^0, 10^1, 10^2, 10^3, etc.

Sistema decimal: 347 es $7 \times 10^0 + 4 \times 10^1 + 3 \times 10^2$, es decir, tresciento cuarenta y siete.

Sistema binario: 1011 es $1 \times 2^0 + 0 \times 2^1 + 1 \times 2^2 + 1 \times 2^3$, que es el equivalente binario de trece.

En la suma binaria $0 + 0 = 0$, $0 + 1 = 1$ y $1 + 1 = 0$, con un 1 arrastrado a la siguiente posición:

$$\begin{array}{r} 1101 \\ +\,1001 \\ \hline 10110 \end{array}$$

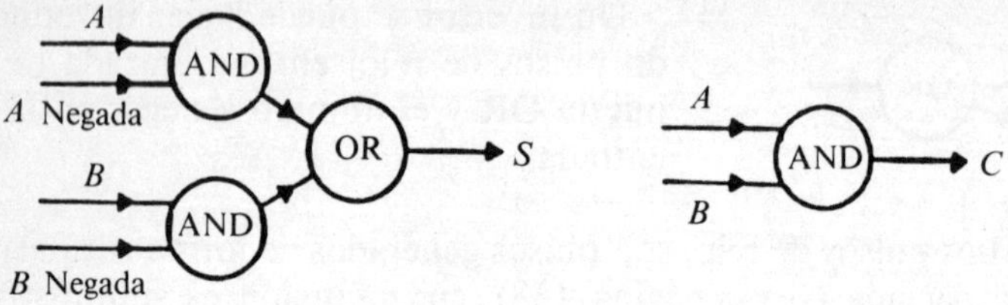

Figura 9.11

La disposición de la figura 9.11 sirve para la suma de dos dígitos, *A* y *B*. El resultado de esta suma son dos dígitos, *S* y *C*. *S* es el dígito suma, que debe escribirse en el mismo lugar significativo que *A* y *B*. *C* es el dígito de arrastre que debe añadirse al siguiente lugar más significativo. La tabla muestra las posibilidades que pueden darse.

A	*B*	*S*	*C*
0	0	0	0
0	1	1	1
1	0	1	0
1	1	0	1

El primer paso para la adición de los dígitos *A* y *B* es generar dos negaciones, que se suponen ya hechas utilizando dos inversores. Ahora se introducen en tres puertas AND: *A*, la negación de *B*; *B*, la negación de *A*, y *A* y *B*, como se muestra.

La salida de la puerta AND de la derecha, en la que se introducen *A* y *B*, es el dígito de arrastre *C*.

Las salidas de las otras dos puertas AND se introducen en una puerta OR cuya salida es el dígito suma *S*.

Tómese la primera línea de la tabla con $A = 0$ y $B = 0$.

A continuación *A* neg. = 1 y *B* neg. = 1.

Las entradas de la puerta AND superior 0 y 1, por tanto la salida es 0.

Las entradas de la puerta AND inferior son 0 y 1, así que la salida también es 0.

Las entradas de la puerta OR son las dos 0 y la salida —el dígito suma— es también 0.

Las entradas de la puerta AND de la derecha son ambas 0, de forma que la salida —el dígito de arrastre— también es 0.

El lector podría comprobar las otras tres líneas de la tabla de la misma forma para confirmar que la disposición mostrada da la S y la C correctas en todos los casos.

La disposición descrita antes permite la suma de dos dígitos binarios. La salida es un dígito suma que se escribe en un lugar significativo y un dígito de un arrastre a añadir al siguiente lugar significativo.

Si queremos sumar dos *números* binarios, es decir, dos colecciones de dígitos binarios, para cada lugar significativo existirán, en general, dos dígitos de los dos números a sumar, más el dígito de arrastre del lugar significativo precedente. Habrá entonces tres entradas al sumador, en lugar de dos, y dos salidas como antes, guardando el dígito de arrastre para sumarlo al siguiente lugar significativo.

Existirá una disposición más elaborada de componentes individuales, pero los principios generales y el funcionamiento de los componentes individuales serán como el descrito en el sumador anterior.

9.4. Circuitos contadores

Las aplicaciones de la conmutación descritas anteriormente se basaban principalmente en los diodos, aunque se podían haber realizado las mismas funciones —en algunos casos más efectivamente— con triodos y transistores. En el capítulo 8, se describió como aplicación del principio de amplificación, la oscilación de relajación, que podría considerarse como un proceso de conmutación, con los dos elementos activos conmutando continuamente. En los multivibradores monoestable y astable, se puede considerar que la conmutación se lleva a cabo mediante el pulso o los pulsos de disparo.

El multivibrador biestable da un pulso para cada dos pulsos de disparo que le llegan. Pero los dos pulsos de entrada deben llegar por líneas diferentes, cada una conectada a la entrada de un elemento activo distinto.

Este circuito puede ser modificado de forma que los pulsos de entrada lleguen todos por la misma línea y sean dirigidos después al elemento activo adecuado para producir la acción de conmutación. Así por cada dos pulsos en la línea de entrada habrá uno en la de salida. Este circuito se conoce como contador binario. El multivibrador biestable con los diodos para dirigir el pulso se representa en la figura 9.12.

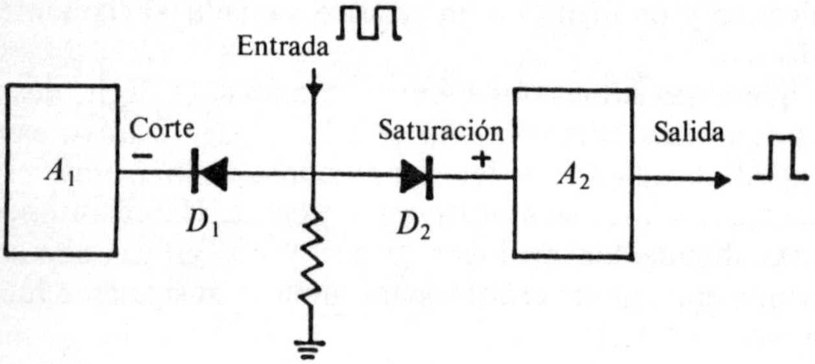

Figura 9.12

A_1 y A_2 son los dos elementos activos que se supone que tienen polarización positiva a la entrada cuando conducen y negativa cuando están al corte.

Los pulsos de disparo tienen polaridad positiva y como se ve entran por una única línea conectada a la unión de dos diodos, cada uno de los cuales está unido a la entrada de uno de los elementos activos. El propósito de los diodos directores es asegurar que el pulso positivo entrante se dirige siempre a la entrada del elemento que está cortado, de forma que se produzca la conmutación.

En el diagrama anterior se supone que A_1 está al corte, de forma que tiene su entrada a tensión negativa, mientras A_2 está saturado y tendrá una tensión positiva en su entrada. En consecuencia, D_1 estará polarizado en sentido directo y estará en cortocircuito, permitiendo que el pulso positivo entrante alcance A_1 y lo haga conducir. D_2 está polarizado en sentido inverso y, por tanto, es efectivamente un circuito abierto que no permitirá que el pulso positivo alcance A_2.

Cuando A_1 comienza a conducir, A_2 dejará de hacerlo por el efecto multivibrador. En consecuencia, el siguiente pulso que llegue será dirigido a A_2, que entrará en conducción regresando el circuito a su estado original.

Han llegado dos pulsos al circuito, pero saldrá de él un único pulso al aumentar la salida de A_2 su potencial cuando se corta y caer cuando se satura nuevamente.

Utilizando un circuito biestable modificado de la forma anterior, o algún circuito similar, se puede hacer actuar a un par de elementos activos como circuito binario, o en base dos. Si la salida de este circuito se introduce en la entrada de otro idéntico, se obtiene un contador en base cuatro. Tres contadores binarios en serie formarán un contador en base ocho, que dará un pulso por cada ocho pulsos que le lleguen.

La figura 9.13 representa la situación en un contador en base ocho cuando se reciben ocho pulsos y se obtiene uno a la salida. Los tres pares de elementos activos se indican con (+) para SI (saturación) y (–) para NO (corte).

La primera línea, la 0, representa el estado del circuito antes de que llegue el primer pulso. El primer elemento, el izquierdo, de

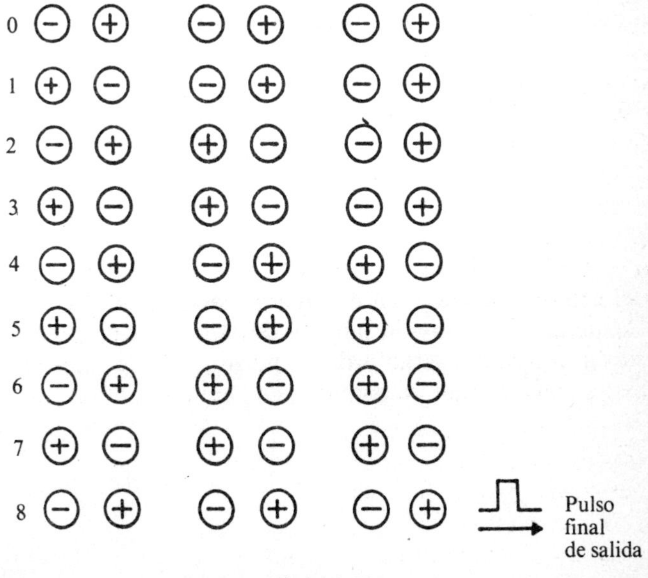

Figura 9.13

cada par está cortado y por tanto el otro conduciendo. El lector debería comprobar las variaciones en el circuito mostradas en las líneas siguientes de la figura 9.13 que se producirían al pasar los ocho pulsos por el contador.

Para cada ocho pulsos recibidos, habrá un pulso a la salida de la última etapa del circuito. Si se hubiesen obtenido N pulsos del circuito, el número total de pulsos recibidos por él sería de $8N$ más una cierta cantidad menor que ocho, que podrá determinarse examinando el estado del circuito para ver a qué línea de la figura 9.13 corresponde. Normalmente algún tipo de puntero o indicador permitirá ver fácilmente el estado del circuito.

Este contador electrónico puede hacerse tremendamente rápido; con muchas etapas binarias en serie es posible escalonar un gran número de pulsos recibidos en un tiempo corto de forma que se puedan grabar en un contador mecánico cuya actuación es relativamente lenta. Las cifras significativas adicionales en la respuesta vienen dadas nuevamente por el estado del circuito cuando la cuenta ha finalizado.

Para su uso en cálculo y control de procesos se puede dejar la cuenta en forma binaria. Sin embargo, cuando se va a leer o escribir directamente la salida, suele ser más conveniente tenerla en forma decimal.

Un contador binario de cuatro etapas trabajará en base $2^4 = 16$, pero se puede modificar para que lo haga en base 10.

Normalmente el circuito aceptaría quince pulsos y el decimosexto daría un pulso de salida y pondría el circuito a cero, es decir, en el estado en que estaba antes de que hubiera llegado ningún pulso.

Si se modifica, los primeros nueve pulsos actuarán como antes, pero el cambio realizado en el circuito hace que el décimo pulso que llegue dé un pulso a la salida y devuelva al circuito el estado anterior a que comenzaran a llegar pulsos. Seis de estos circuitos decimales constituirían un contador en base un millón.

10 Sistemas electrónicos: comunicación, cálculo e instrumentación

De una forma en general, hemos visto en el capítulo 1 lo que se puede conseguir con la electrónica. Se discutieron las necesidades de la sociedad moderna en cuanto a sistemas de comunicación, control, cálculo, etc., y se expusieron los principios de las técnicas utilizadas para satisfacer estas necesidades. En otra parte, hemos estudiado lo que en última instancia constituye la electrónica: los componentes individuales, válvulas y transistores, y la forma en que trabajan. En una escala ligeramente mayor vimos cómo pequeñas cantidades de estos componentes —el barro y la paja de la electrónica— se podían aunar en los amplificadores, puertas o contadores, para formar los adobes con que se construyen los sistemas que necesitamos.

Los sistemas elegidos para ser examinados aquí son la comunicación, el cálculo y la instrumentación general. Éstas son las áreas que cubren las formas más numerosas, más comunes y de más rápido crecimiento de las aplicaciones de la electrónica.

Generalmente consideraremos los sistemas como grupos de «cajas negras». En la mayoría de los casos, las cajas negras contienen circuitos ya explicados. En otros, sin embargo, los circuitos estándar se modificarán ligeramente. Ocasionalmente, surgirá alguna característica que sea importante estudiar y que no se conozca previamente.

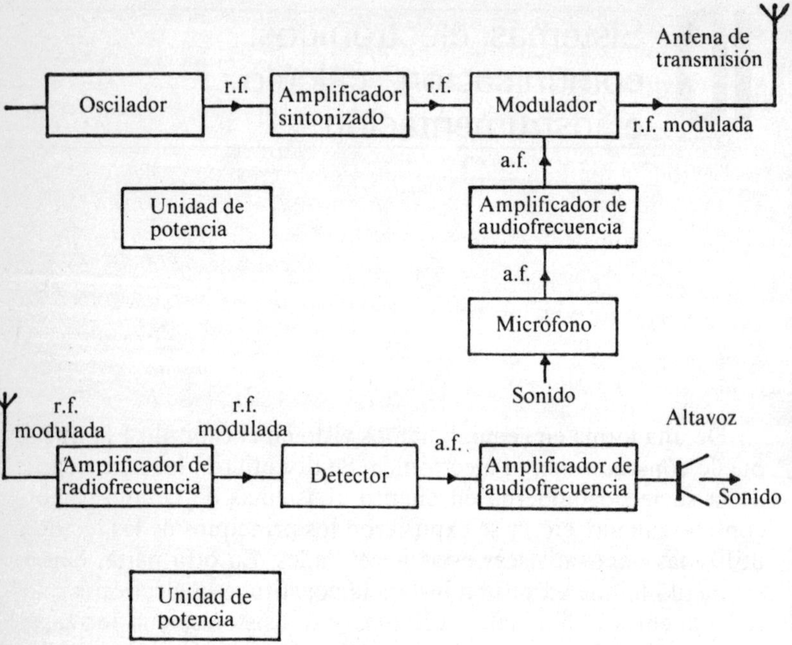

Figura 10.1

10.1. Sistemas de comunicación

En la figura 10.1 se muestra un sistema sencillo de radiocomunicación utilizable para voz y música.

La base del transmisor es el oscilador que genera la onda portadora de radiofrecuencia. La frecuencia estará determinada por un circuito resonante paralelo y, si no es suficientemente grande, se amplificará. Como la portadora de r.f. consta de una única frecuencia, puede ser amplificada por un amplificador sintonizado. La frecuencia portadora se aplicará entonces a la etapa moduladora que se discutirá más adelante.

La información sonora que se va a situar sobre la onda portadora de r.f. es convertida por el micrófono en una señal eléctrica de baja frecuencia y amplificada por el amplificador de audiofrecuencia. La frecuencia de las señales que maneja este amplificador, cubrirán, en general, el margen completo de audio, pero todas deben ser amplificadas en igual magnitud si se espera una fiel reproducción de la voz y la música. El amplificador de a.f. tendrá normalmente etapas con carga resistiva para proporcionar un ancho de banda grande.

El tipo de modulación utilizado en este sistema es de amplitud; ahora debe hacerse que oscile la amplitud de la portadora de acuerdo con la señal de audiofrecuencia a transmitir. Este proceso se realiza en el modulador y puede llevarse a cabo de diferentes maneras. En el método descrito, la fuente de a.t. de un amplificador en clase C sintonizado se hace variar con la señal de audiofrecuencia.

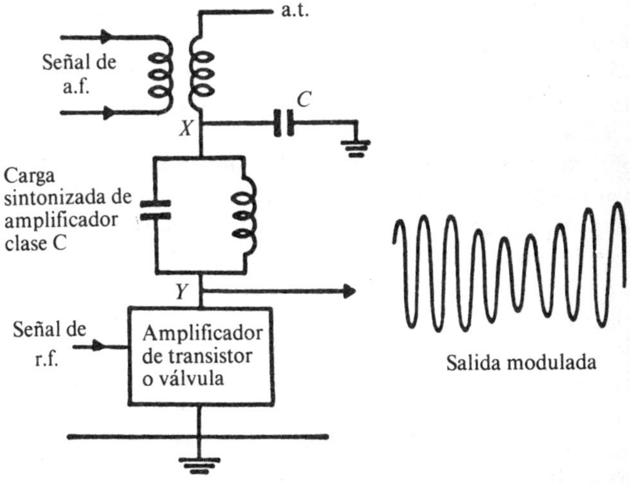

Figura 10.2

En la figura 10.2 se ha dibujado un amplificador de válvula o de transistor con un circuito de carga resonante a la frecuencia portadora. Si el punto X se conectara directamente a la a.t. estaríamos ante un circuito amplificador de r.f. sintonizado simple con polarización (que no se muestra) para hacerlo funcionar en clase C. Bajo estas circunstancias, la salida tomada en Y será de la frecuencia de la portadora.

El que la ganancia dependa de la a.t. es una propiedad de los amplificadores en clase C, es decir, que para una entrada constante la amplitud de la salida es casi proporcional a la a.t. Por tanto, si se hace oscilar el potencial del punto *X*, la amplitud de la salida de r.f. oscilará de igual forma.

En el circuito dibujado, la señal de audiofrecuencia se utiliza para hacer oscilar el potencial de *X* por encima y por debajo del valor estacionario de la a.t. Esto se consigue incluyendo el secundario de un transformador entre *X* y la a.t., estando el primario alimentado con la señal de a.f. amplificada.

El potencial de *X* oscilará ahora en la forma buscada y se tendrá una salida en *Y* como la mostrada; la amplitud de la portadora de r.f. se modula con la a.f. Esta salida se lleva a la antena y así se radia una onda electromagnética modulada.

El condensador *C* es de tal tamaño que a la frecuencia de la portadora es un cortocircuito a tierra, pero para la audiofrecuencia una alta impedancia. Por lo tanto, no circula corriente por el secundario del transformador, y la única oscilación del potencial de *X* es debida a la audiofrecuencia.

Dentro del sistema transmisor hay un bloque aislado denominado unidad de potencia. Puede ser un conjunto de baterías, o tomar potencia de la red y, con transformadores y rectificadores, convertirla en las fuentes de c.c. necesarias para a.t. y polarización, y, si se utilizan válvulas, ofrecer una salida de baja tensión para los calentadores.

En el receptor representado, primero se amplifica la señal modulada de r.f. y después se lleva al detector o demodulador. La salida de audiofrecuencia del detector pasa al amplificador de audiofrecuencia y después al altavoz. Como en el transmisor, habrá también una unidad de potencia aislada que aporte a.t., etc., para todas las etapas.

Una vez modulada la portadora de r.f., cada unidad por la que pasa consecutivamente debe tener suficiente ancho de banda para permitir el paso de la portadora y las bandas laterales. El mismo criterio de ancho de banda se aplica a la unión entre el transmisor y el receptor. En este caso la unión es el espacio libre, que no tiene limitación intrínseca de ancho de banda. Pero no debería existir otro sistema funcionando a una frecuencia suficientemente cercana como para causar interferencias, por ello en esta modalidad el número de sistemas que puede alojar el espacio libre es limitado.

La modulación de una portadora se puede utilizar aun cuando

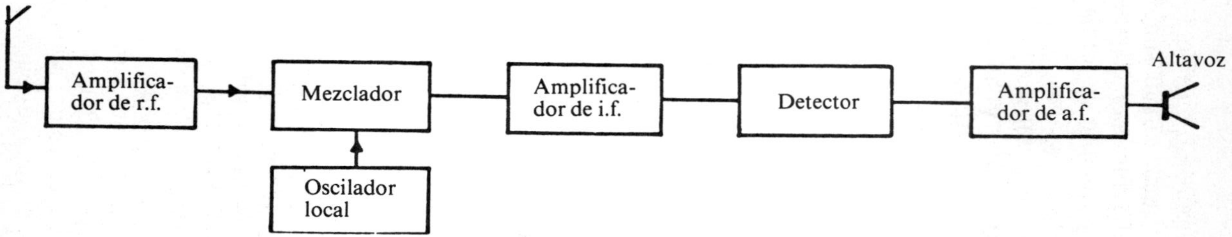
Amplificador de r.f.
Mezclador
Oscilador local
Amplificador de i.f.
Detector
Amplificador de a.f.
Altavoz

Figura 10.3

la señal es transportada por hilo o cable. Utilizando distintas frecuencias portadoras, se puede enviar simultáneamente un cierto número de mensajes diferentes por el mismo cable, suponiendo que se ha elegido cada portadora de forma que no interfiera con otros mensajes de frecuencias vecinas.

Se consigue a menudo mejorar el comportamiento de los sistemas de radio sustituyendo un receptor superheterodino por el receptor directo mostrado más arriba.

En el receptor superhet de la figura 10.3, casi toda la amplificación anterior a la demodulación tiene lugar a una frecuencia fija denominada frecuencia intermedia (i.f.).

La salida de un oscilador especial de frecuencia variable se mezcla con la señal de r.f. entrante en una etapa mezcladora. Esta etapa contiene un diodo o algún otro dispositivo con una característica $I - V$ no lineal que permite generar una señal suma o diferencia de las dos frecuencias entrantes.

Supongamos que extraemos la diferencia de frecuencias y la llevamos al amplificador de i.f. Así, la radiofrecuencia menos la frecuencia del oscilador local es igual a la frecuencia intermedia.

La sintonización de la etapa de radiofrecuencia y del oscilador local se realiza «en tándem» de modo que ambas están controladas por un único mando y la i.f. es siempre la misma. La señal de i.f. retiene la modulación de la señal original de r.f., después de que se haya realizado la amplificación en el amplificador de i.f., la demodulación y la amplificación de a.f. como en el receptor directo.

El sistema de comunicación descrito anteriormente estaba basado en la modulación de amplitud. Existen muchas otras formas de modulación, y todas ellas se han desarrollado como resultado de un cuidadoso estudio de qué se entiende por información y cuáles son los aspectos implicados en su transmisión y recepción.

Ya hemos aludido a alguno de estos aspectos en el capítulo 1, donde vimos que cuanto más sofisticada fuese la información a transmitir, mayor ancho de banda se requería. Vimos que la velocidad de transmisión tenía importancia en cuanto a que una única imagen se podía enviar lentamente a través de un sistema de ancho de banda pequeño (proceso de facsímil), pero que la transmisión rápida de muchas imágenes por segundo, como en televisión, requería de un ancho de banda muy superior. El ruido electrónico siempre actúa en contra de la transmisión satisfactoria de la señal.

Puede venir de fuera del sistema, a causa de perturbaciones en el medio entre el transmisor y receptor, o puede venir del propio sistema, porque cada etapa electrónica que maneje la señal será en pequeña o gran medida un generador de ruido.

No necesitamos interesarnos demasiado en la forma precisa en que estos factores interactúan en la determinación de la capacidad de un sistema dado, es decir, la velocidad a que puede manejar la información, pero la ecuación que une la capacidad y el ancho de banda es la que sigue:

$$C = B \log_2 (1 + S/N) \text{ bits por segundo}$$

En esta expresión, B es el ancho de la banda, S/N la relación de la tensión de señal y la tensión de ruido, y C la capacidad del sistema. La unidad de información aquí es el bit, que procede de las palabras inglesas «*bi*nary digi*t*» (dígito binario), debido a la forma especial en que se define la información en la teoría de la comunicación.

En lugar de hacer variar la amplitud de la portadora de acuerdo con la audiofrecuencia, es posible mantener la amplitud constante y variar la frecuencia de la portadora en una magnitud dependiente de la amplitud instantánea de la audifrecuencia que se quiere transmitir. Este sistema se denomina de modulación de frecuencia y tiene ventajas frente al de modulación de amplitud en cuanto al ruido.

Existe un cierto número de sistemas de modulación que utilizan pulsos en lugar de una onda portadora continua. Se puede modular la amplitud de los pulsos (PAM), o puede mantenerse constante la amplitud y modularse el ancho de pulso (PWM). Una ventaja obvia de éstos y de los sistemas de pulsos similares es que se pueden transmitir uno o más conjuntos de pulsos en los espacios entre pulsos del primer conjunto, consiguiento así un funcionamiento multicanal con un único soporte.

Hay una forma de modulación de pulsos, crecientemente utilizada en los sistemas modernos, que se acerca al mejor funcionamiento que se puede conseguir en el estado actual de la teoría de la comunicación. Se llama modulación de código de pulsos (PCM).

El ruido significa que se pierde la información sobre pequeños cambios en la amplitud de la señal por ser éstos menores que aquellos que produciría el ruido. La modulación de código de pulsos reconoce esto y no transmite información de variaciones de la señal por debajo de un cierto valor.

Existirá un límite para la amplitud de la señal, y se dividirá en cierto número de escalones en un margen comprendido entre cero y esta amplitud —digamos, diez—. La amplitud instantánea de la señal estará siempre dentro de uno de estos escalones.

Cada escalón se identifica por un conjunto particular de pulsos —un código— que se transmite para indicar que la amplitud de la señal tiene ese valor particular. Por tanto, un código binario de tres dígitos, por ejemplo 101, podría indicar uno de un total de ocho niveles diferentes.

Aunque estos detalles de los sistemas de comunicación se han relacionado principalmente con los sistemas de radio, gran parte del funcionamiento y principios son comunes a la transmisión por línea; el lector podrá esperar descubrir que son utilizados en nuevos sistemas como la comunicación por rayo laser o «tubo de luz» a través del espacio.

10.2. Cálculo

Esencialmente en los computadores digitales se disponen los interruptores electrónicos, puertas, etc., de forma que se puedan sumar y restar números y puedan ser comparados o transferidos de un lugar a otro. Sólo hay un número de operaciones comparativamente pequeño, pero si se realizan muchas veces, en una secuencia cuidadosamente elegida, se puede conseguir resolver problemas muy complicados. Es trabajo del programador el formar la secuencia adecuada para cada problema y ponerla en una forma —por ejemplo una cinta perforada— que pueda ser aceptada por la unidad de programación.

En la figura 10.4 se muestran en forma de bloques las secciones más importantes de un computador digital, aunque las unidades que realizan una función determinada pueden estar distribuidas por toda la máquina y no confinadas en una caja.

Podría haber, por ejemplo, muchas unidades de memoria: algunas permanentes y otras que retuvieran por un instante los dígitos binarios que constituyen la información en la máquina.

La memoria permanente puede ser una cinta, un disco o un tambor magnético con posibilidad de una lectura y escritura rápi-

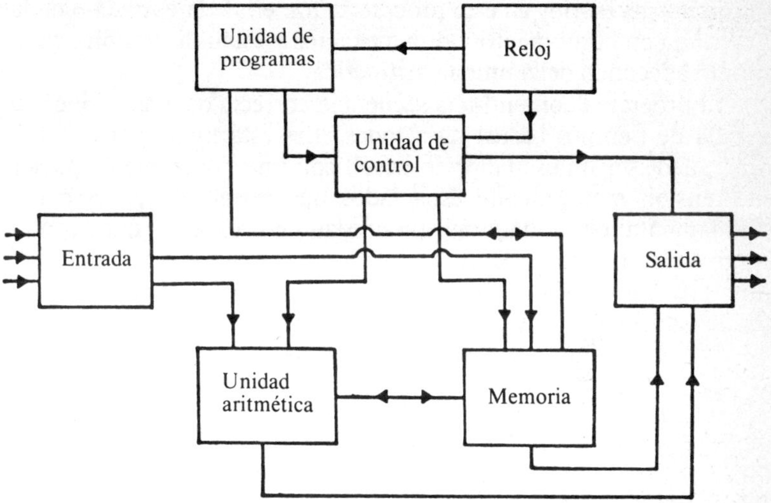

Figura 10.4

da de la información. Una forma más elaborada de memoria magnética con un tiempo de acceso a la información mucho más corto se hace con una matriz de delgados anillos de ferrita, cada uno atravesado por varios hilos. Un *cero* se representa por la magnetización en un sentido y un *uno* por la magnetización inversa. Se pueden mandar pulsos de corriente por los hilos para escribir la información en un núcleo de ferrita concreto y también para interrogarlo, o sea, para averiguar el sentido de magnetización. Por otro hilo se extrae la información de qué hay almacenado: un 0 o un 1.

La capacidad de almacenamiento permanente será normalmente muy grande, pero a menudo se necesitan memorias temporales que retengan una parte de la información por un corto período de tiempo. Normalmente esta información será un conjunto de veinte o treinta dígitos binarios denominados palabra. Esta memoria —llamada a veces registro— está formada a menudo por un conjunto de multivibradores biestables, con ceros y unos indicados por el estado de conducción de los multivibradores en cada instante.

El proceso de cálculo se realiza en la unidad aritmética por circuitos como los descritos en el capítulo 9. Es importante que los números necesarios en este proceso se tomen de la entrada o de la memoria en el momento y orden exactos y estén disponibles en el punto adecuado de la unidad aritmética.

El programa contendrá la secuencia correcta de operaciones, la escala de tiempos básica para todas ellas está fijada por el reloj, que puede ser un oscilador de cristal con una salida que dé pulsos de tensión regularmente espaciados que proporcionen el ritmo fundamental de la máquina. La unidad de programa junto con el reloj hacen funcionar la unidad de control, que hace que todos los números necesarios se presenten a la unidad aritmética en el instante adecuado y que la respuesta, cuando esté disponible, se ofrezca en la salida o se lleve a la memoria.

En el diagrama de bloques se ha representado cierto número de líneas a la entrada de la unidad de entrada y a la salida de la unidad de salida. La unidad de entrada debe recibir información de diferentes fuentes y prepararla en una forma aceptable por la máquina. Típicamente, estas fuentes podrían ser una cinta perforada, tarjetas perforadas, un teclado manual, la salida de otro computador, o medidas en forma digital procedentes de los instrumentos en un sistema de control de procesos. De forma similar, puede requerirse de la unidad de salida que alimente una impresora para tener una salida escrita, o el equipo de control de algún proceso, o que perfore una cinta o tarjeta.

Todas estas máquinas conectadas a las unidades de entrada o salida son denominadas a veces equipo periférico, mientras que el resto de las unidades forman el *hardware* del computador. A menudo se usa la denominación *software* para describir los programas y rutinas producidas exteriormente por programadores humanos. Ahora que los computadores digitales llevan existiendo lo bastante como para haber descubierto sus ventajas inmediatas de velocidad y exactitud, se está reconociendo cada vez más que la habilidad y la inventiva en el campo del *software* son los principales requisitos para el progreso futuro.

10.3. Instrumentación

El cálculo y la comunicación electrónicos suponen algunos sistemas y algunas partes de equipo tremendamente grandes, caros, excitantes y con gran publicidad. Pero hay determinadas aplicaciones muy importantes a escala mucho menor, que como regla general comprenden cierto tipo de transductor y un amplificador asociado y una pantalla donde se leen los datos que en general se denominan «indicador» o display. Los sistemas de instrumentación se utilizan extensamente en la industria, medicina e investigación, para la detección y medida de todo tipo de fenómenos.

Los instrumentos que se usan para los distintos tipos de medida difieren principalmente en el transductor. Éste es un dispositivo a la entrada que convierte la cantidad a medir en una señal eléctrica. Así, la entrada al instrumento puede ser a través de, digamos, un termopar, una célula fotoeléctrica, un tubo Geiger-Muller, o un cristal piezoeléctrico. La temperatura, luz, radiación nuclear o sonido, respectivamente, son convertidas en tensión que se introduce en los equipos, que sólo difieren en algunos detalles de los amplificadores y los indicadores.

El termopar consiste en dos metales o semiconductores diferentes, normalmente en forma de alambre, conectados como se indica en la figura 10.5 de forma que haya dos uniones entre los dos materiales distintos. Si una unión está a mayor temperatura que la otra, aparece una diferencia de potencial entre *A* y *B*. Normalmente se mantiene una de las uniones a una temperatura pequeña fija; la diferencia de potencial entre *A* y *B* varía con la temperatura de la unión. La relación entre tensión y temperatura no es lineal, por ello el instrumento debe calibrarse. La tensión termoeléctrica generada será del orden de microvoltios y se amplificará antes de medirla. En la mayoría de los casos, la variación de la temperatura será muy lenta en comparación con la velocidad normal en electrónica y en consecuencia los amplificadores utili-

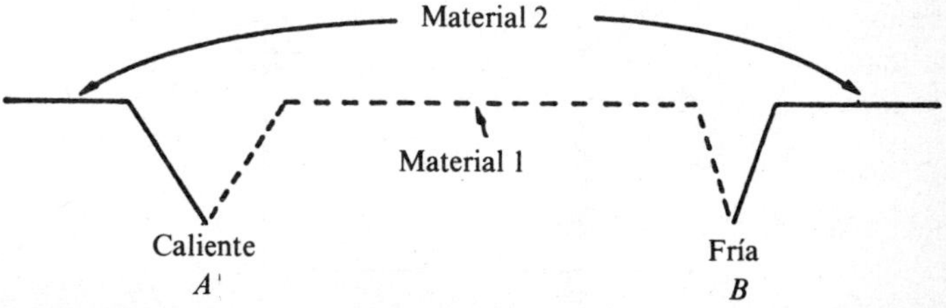

Figura 10.5

zados deberán tener una buena respuesta a las frecuencias más bajas. Serán, probablemente, por lo tanto, de acoplamiento directo, aunque a veces este tipo de tensión es conmutada por un interruptor «troceador» o *«chopper»* y los pulsos de tensión resultantes amplificados por un amplificador ordinario.

El tubo Geiger-Muller aprovecha el hecho de que la variación nuclear, partículas α o β, o pulsos de rayos γ, tienen suficiente energía para ionizar moléculas de gas. El gas se halla contenido en un tubo con una «ventana» de cristal muy fino o de metal para admitir la radiación menos penetrante que se vaya a medir. Dentro del tubo hay un electrodo metálico cilíndrico y otro electrodo que es un filamento a lo largo de todo el eje central del cilindro, como se ve en la figura 10.6.

La tensión que se mantiene entre los dos electrodos no es por sí misma suficientemente grande para ionizar el gas del tubo y hacerlo conducir. Cuando aparece un pulso de radiación, se producen iones en el gas que se mueven a gran velocidad hacia el electrodo correspondiente, provocando mayor ionización a causa de las colisiones producidas a su paso. Se produce un pulso de corriente en el circuito, y se toma la tensión resultante en R para amplificación y medida. La geometría de los electrodos es tal que la descarga eléctrica desaparece rápidamente y el tubo queda preparado para recibir el siguiente pulso de radiación.

La célula fotoeléctrica tiene un cátodo con una función de trabajo pequeña a partir de la cual la luz puede provocar la emisión de electrones. Cuando esto ocurre, circula una corriente que va hacia un ánodo próximo —al igual que el diodo de vacío— y

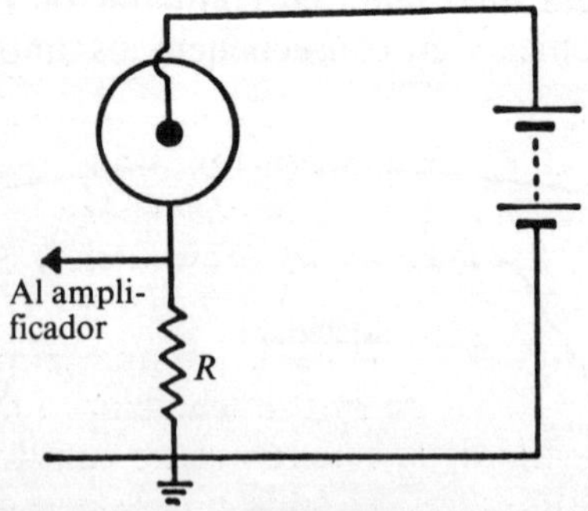

Figura 10.6

aparece una tensión en la resistencia de carga, que está en serie con la célula y la fuente de a.t. Esta tensión es amplificada a continuación de la forma usual antes de la medida, o antes de utilizarla para activar un relé que controle algún otro circuito.

El cristal piezoeléctrico convierte las vibraciones mecánicas provocadas por una onda sonora en una tensión alterna y viceversa. Los materiales piezoeléctricos, por ejemplo titanato de cuarzo o de bario, poseen la propiedad de que, si se aplica una presión entre dos caras opuestas de una lámina rectangular, aparecerá una diferencia de potencial entre las otras dos caras. Si la presión es alterna, como la de una onda sonora incidente, entonces se produce una tensión alterna. Utilizado de esta manera, el cristal puede actuar como un micrófono, convirtiendo la energía sonora en señales eléctricas que se pueden amplificar antes de ser utilizadas, por ejemplo para modular una portadora de r.f. o para hacer funcionar un altavoz alejado en un sistema de megafonía.

Funcionando de forma inversa, una tensión alterna aplicada a un cristal producirá ondas sonoras de la misma frecuencia. Como el cristal funciona a frecuencias que van desde las de audio hasta valores mucho mayores, se utiliza normalmente para generar ultrasonidos. Si se va a generar o detectar una única frecuencia, el cristal se corta de un tamaño concreto para presentar resonancia mecánica a esa frecuencia y así aumentar la eficiencia de la acción transductora.

La energía ultrasónica se puede generar para determinado número de usos sencillos, por ejemplo la agitación de mezclas de líquidos para obtener emulsiones, pero algunas de las aplicaciones más interesantes conllevan la generación de un pulso ultrasónico que se proyecta en una región donde se puedan detectar objetos o faltas de homogeneidad y dibujar después la zona mediante la reflexión del pulso. Generalmente, hay un transmisor y un receptor. Este método se utiliza en detección por reflexión sonora y submarina, en detección de defectos, en ecosondeo o en diagnosis médica.

Éstas son algunas de las maneras en que se puede explotar la electrónica convencional en instrumentación. En el siguiente capítulo se estudia parte de la electrónica no convencional, como el maser y los amplificadores de onda progresiva, y algunas formas de realizar circuitos convencionales con nuevas técnicas.

11 Electrónica cuántica y ondulatoria

En el capítulo 6 dedicado a los amplificadores (página 113) vimos cómo el transistor de unión y el triodo podían emplearse en circuitos que fuesen capaces de aceptar una señal eléctrica en el lado de la entrada y devolver, en el de la salida, una señal de forma idéntica pero de mayor potencia. Por una forma idéntica queremos decir que las gráficas de la corriente y la tensión en función del tiempo a la salida tengan la misma forma (digamos, sinusoidal o cuadrada) y la misma periodicidad que las gráficas de corriente y tensión a la entrada del amplificador. Por mayor potencia entendemos que el producto de la corriente y la tensión en la salida (es decir, la potencia de salida) supere el producto de la tensión por la corriente a la entrada. El triodo y el transistor son dispositivos *activos* (no como el transformador que es *pasivo,* ya que en él la corriente por la tensión a la entrada es igual que la intensidad por la tensión a la salida, suponiendo que no haya pérdidas). Existe una ganancia de potencia en el transistor y en la válvula, siendo la potencia adicional suministrada por la fuente de a.t., u otra unidad de alimentación, en una señal de salida amplificada de potencia alterna.

En el capítulo 1 (Ap. 1.3), vimos que el espectro electromagnético incluía las señales de radio, radar, televisión, y también luz. Vimos además que era posible considerar la energía electromagnética en términos cuánticos, donde la energía asociada con un cuanto está dada por el número de cuantos por segundo que emite el haz. Hay así dualidad en la energía electromagnética: puede considerarse en términos cuánticos u ondulatorios; en el último caso la onda es la variación sinusoidal con el tiempo de la intensidad y la tensión. La energía de un sistema eléctrico puede considerarse, por tanto, algunas veces en términos de los cuantos que comprende, y otras en términos de la amplitud de la tensión y corriente sinusoidales.

En este capítulo estudiaremos cierto número de dispositivos, bastante diferentes de la válvula y el transistor, que pueden amplificar señales, no sólo a frecuencias bajas y de radio, sino también en la zona visible. La potencia adicional suministrada por estos amplificadores se obtiene de una fuente externa —como la fuente de a.t. en el amplificador de válvula o transistor—. Pero en los amplificadores cuánticos y ondulatorios, esta potencia puede ser de radiofrecuencia o estar en la zona visible del espectro.

11.1. Amplificador cuántico

El amplificador cuántico es la unidad fundamental de dos dispositivos electrónicos muy importantes: el maser y el laser, que se examinan a continuación. El maser es una parte vital de los sistemas de alta calidad utilizados en los satélites de comunicaciones y en radioastronomía. El laser ha despertado en los últimos años un interés inusitado y una enorme inversión de capital. Existe por ello una gran variedad de aplicaciones existentes de laser en la industria, y un gran trabajo de investigación y desarrollo dirigido a explotar el gran potencial de los sistemas de comunicación laser.

El principio subyacente en el amplificador cuántico es la emisión estimulada de radiación. Este proceso fue descubierto por Einstein en una fecha tan temprana como 1917, pero no fue aplicado con éxito hasta 1954.

Supongamos que tenemos un material que contiene unidades —posiblemente átomos— con tres niveles de energía: $E_3 > E_2 > E_1$, como se muestra en la figura 11.1

Concentrémonos primero en los niveles E_3 y E_2, donde la frecuencia de la señal que queremos amplificar es $f_{\text{señal}}$ y

$$E_3 - E_2 = hf_{\text{señal}}$$

En el estado natural de equilibrio de un sistema habrá siempre más unidades en el más bajo de dos niveles de energía que en el más alto. El número de unidades en un estado de energía dado se denomina población, N, y para dos niveles E_3 y E_2, que son los que ahora nos interesan, $N_2 > N_3$ según la condición de equilibrio.

Supongamos que tenemos una señal de energía incidente en el material en estado de equilibrio. La señal constará de muchos

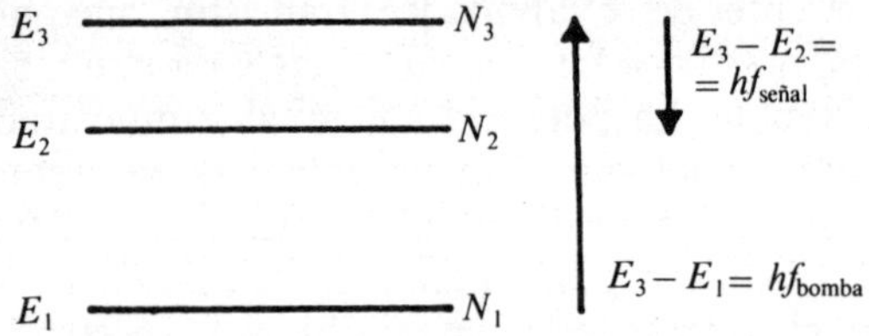

Figura 11.1

cuantos, cada uno con una energía $hf_{\text{señal}} = E_3 - E_2$. Por tanto, si uno de estos cuantos encuentra un átomo en el nivel de energía inferior E_2, aquél será absorbido y el átomo alcanzará el estado superior E_3. Éste es el proceso normal de absorción selectiva y producirá una atenuación de la señal.

La emisión estimulada de radiación es el proceso contrario y tiene lugar cuando un cuanto de energía incide en un átomo en el estado alto de energía E_3.

El efecto del cuanto incidente es que incita al átomo a caer del estado E_3 al E_2 y a emitir otro cuanto de energía que es idéntico en todos sus aspectos —frecuencia, fase y sentido— al cuanto incidente. Así donde había un cuanto hay ahora dos y la señal queda amplificada.

Parte de los cuantos de señal se pierden por absorción y parte son multiplicados por dos por la emisión provocada. Pero en condiciones normales hay muchos más átomos en el material en el estado bajo de energía que en el alto. En consecuencia, hay muchas más absorciones que emisiones provocadas, y el resultado neto de una señal que atraviesa un material normal es una atenuación en la fuerza de la señal.

Si pudieramos conseguir que hubiera más átomos en el estado alto que en el bajo, habría más emisiones provocadas que absorciones y el resultado neto sería la amplificación de la señal. El estado necesario para que $N_3 > N_2$ se llama inversión de población. No es un estado de equilibrio. Para conseguirlo se debe aplicar energía al material. Sin embargo, si se suministrase energía para lograr la inversión de población elevando los átomos de E_2 a E_3, esta energía sería de la misma frecuencia que la señal a amplificar y se podría producir confusión.

De acuerdo con esto, la población N_3 se aumenta elevando a E_3 átomos de un nivel de energía mucho más bajo, E_1. La fuente que aporta esta energía al amplificador se denomina bomba y su propósito es análogo al de la fuente de a.t. en un amplificador corriente. La frecuencia de bomba es f_{bomba}, donde $E_3 - E_1 = hf_{bomba}$. Esta es bastante diferente de la frecuencia de la señal y el material puede ser bombeado continuamente sin peligro de interferencia con las señales a amplificar.

11.2. Masers y lasers

La elección del material activo para un amplificador cuántico depende principalmente de la existencia dentro de él de niveles de energía adecuados al sistema descrito con antelación. Los diferentes amplificadores manejan frecuencias desde la zona de microondas a la visible, y los materiales activos pueden ser sólidos o gases. Consideraciones secundarias en la elección del material activo son la facilidad con que puede bombearse, la conveniencia de usarlo, y la definición de los niveles de energía.

Si se usan átomos con los niveles energéticos requeridos en forma gaseosa, la concentración de material activo será baja y, para obtener la amplificación necesaria de la señal, debe haber un largo camino a través del gas. Los materiales activos gaseosos se usan principalmente en los lasers —fuentes de luz—; un laser de neón puede tener un metro de largo. Por otro lado, se puede conseguir una mayor concentración de elementos activos teniéndolos dispersos en forma de impurezas, digamos un 1 por 100, en un sólido inerte. El rubí contiene esa pequeña concentración de cromo y en un laser de rubí sintético la longitud de material sólido puede ser de unos pocos centímetros solamente. Pero la luz de salida de un laser sólido no tiene la pureza espectral del laser de gas porque la mayor concentración de átomos en el sólido ensancha los niveles de energía.

En general, los lasers de gas son más adecuados para aplicaciones donde es más importante una frecuencia estable y pura que la potencia de salida, por ejemplo en holografía, sistema con que puede recrearse la imagen tridimensional de un objeto a partir de una fotografía bidimensional. La fotografía, u holograma, no se reconoce a simple vista como una imagen del objeto, y es, de hecho, una imagen compleja debida a la interferencia de dos haces de luz procedentes del mismo laser: uno incidiendo directamente sobre la película fotográfica, y el otro haciéndolo después de haber sido dispersado por el objeto. Una vez que la imagen está grabada en la película, puede usarse para producir imagen tridimensional, que es casi indiferenciable del objeto original. Para recrear la imagen, debe usarse luz idéntica a aquella con que fue originalmente obtenida, y esta luz se obtiene de un laser similar al utilizado en la exposición de la película. Nuevamente se necesitan dos haces de luz: uno pasa a través del holograma, y el otro, directamente desde el laser interfiere con aquél posteriormente para producir imagen del objeto.

Una interpretación simple del proceso es que el holograma fue originalmente obtenido con luz procedente del objeto (Ob) que interfería con luz dirigida desde el laser (La), de modo que el holograma puede representarse como La + Ob. En la reconstrucción de la imagen, la luz que pasa por el holograma es La + Ob, y si se le hace interferir con la luz directa (La) en forma adecuada puede considerarse entonces que la luz resultante es (La + Ob) – (La) = Ob; es decir, se establece una imagen luminosa que es exactamente la misma que procedía del objeto, y el efecto sobre el ojo será como si el objeto estuviera realmente allí. Será, por ejemplo, posible echar un vistazo a una zona de la imagen que permanezca oculta trasladándose a un punto de visión diferente, cosa que no puede hacerse con una fotografía ordinaria.

El maser, Amplificador de Microondas con Emisión de Radiación Estimulada (*M*icrowave *A*mplifier by *S*timulated *E*mission of *R*adiation), es un amplificador de bajo ruido utilizado en la banda de GHz en comunicación de alta calidad, sistemas de radar y radioastronomía, donde es esencial el mínimo de ruido para detectar señales muy débiles.

La energía de bombeo la da un oscilador en el receptor que genera una salida a frecuencia considerablemente superior que la de la señal a amplificar. Este bombeo se necesita para mantener el estado de no equilibrio, y es opuesto a la vibración térmica del material que permite a los átomos constituyentes interactuar unos con otros. Esta interacción tiende a llevar al material al estado de equilibrio con mayor número de átomos en los estados de baja energía. Para reducir esta interacción al mínimo, la vibración térmica se hace tan pequeña como sea convenientemente posible enfriando el maser en helio líquido hasta 4K.

En el maser se utiliza un método espacial para conseguir el necesario nivel de energía en el sistema. Los dos niveles E_3 y E_2 se crean a la distancia exacta por aplicación de un campo magnético que hace que un nivel existente originalmente en el material se desdoble en dos nuevos niveles, uno más alto y otro más bajo. La separación entre los dos niveles aumenta con la fuerza del campo aplicado, que puede utilizarse así para sintonizar el amplificador a la frecuencia de la señal.

La energía eléctrica normalmente se transporta por hilos y cables, pero, a frecuencias en la banda de MHz y GHz, debe transportarse mediante guías de ondas. Una guía de ondas es un tubo metálico, normalmente de sección transversal circular o rectangular, con un ancho y un largo comparables a la longitud de onda de la energía a transportar. Circulan corrientes eléctricas de alta frecuencia por una fina capa de la superficie interior de la guía y la energía electromagnética asociada circula por la guía como el agua por una tubería. Las pérdidas cuando se lleva energía electromagnética por una guía de ondas son pequeñas pero significativas.

La amplificación de microondas utilizando el maser se consigue introduciendo la señal por un extremo de una guía de ondas de poca longitud, que contiene un pequeño número de trozos de rubí. Además de la onda de señal se pasa energía de la bomba a la guía para provocar una inversión de población en el rubí. La señal pasa por el rubí ocasionando una emisión estimulada y del otro extremo de la guía emerge una señal amplificada. Comprende además un campo magnético y el refrigerador. El sistema completo se conoce como maser de onda progresiva.

El maser se encontrará normalmente montado en las antenas, así como en las estaciones de tierra para sistemas de comunicaciones por satélite. Se realiza así una amplificación de bajo ruido antes de enviar la señal por la larga bajada que hay entre la antena y el receptor principal. La unidad de maser será típicamente independiente, con su propio sistema refrigerante de helio líquido y un imán superconductor. Este sistema receptor tendrá varios cientos de veces menos ruido que un receptor de microondas convencional y será capaz de detectar por tanto señales más débiles.

El laser, a pesar de su nombre, Amplificación de Luz Mediante Emisión de Radiación Estimulada (*L*ight *A*mplification by *S*timulated *E*mission *R*adiation), es, en realidad, un oscilador, es decir, una fuente de luz. Pero ya hemos visto que un oscilador consistirá, en general, en un amplificador con alguna disposición para realimentar parte de la señal amplificada. Veremos que en el laser existe amplificación mediante emisión provocada de un material activo bombeado, con una realimentación obtenida mediante espejos.

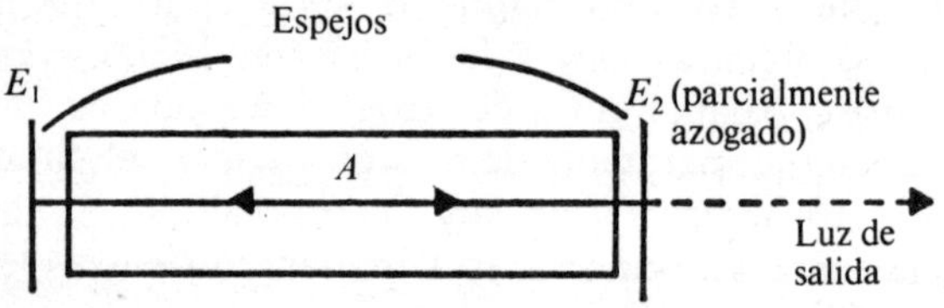

Figura 11.2

En la figura 11.2 supóngase que A es un bloque de material activo que ha sido bombeado hasta el estado de no-equilibrio. Los dos niveles de energía entre los que se produce la emisión por transición estimulada están tan alejados que la frecuencia de la radiación está en la zona visible.

Hay dos espejos planos paralelos en los extremos del material activo, así un cuanto de luz —un fotón— emitido en una dirección perpendicular a los espejos tenderá a moverse a un lado y otro del material de la forma indicada por las flechas.

El fotón recorrerá un camino muy largo en el material activo y, si se ha realizado una inversión de la población mediante bombeo, existirá una oportunidad muy buena para la emisión estimulada, y para que, en consecuencia, se produzca amplificación. Un fotón emitido en cualquier otra dirección no será reflejado en la dirección de su desplazamiento inicial y atravesará rápidamente el material sin una amplificación apreciable.

En el instante en que se enciende un laser habrá siempre algunos fotones espontáneamente emitidos en direcciones aleatorias por átomos en el estado de alta energía. La radiación del tipo «correcto» se intensifica continuamente y la restante desaparece.

Uno de los espejos sólo es parcialmente reflectante, de forma que parte de la luz pasa a través de él, mientras que se realimenta la suficiente por reflexión para mantener la oscilación.

Toda la luz del laser es paralela y de igual fase, y por ello puede ser focalizada en un punto extremadamente pequeño de forma que la intensidad de la energía es suficiente para taladrar agujeros en los sólidos y soldar materiales con gran precisión. Además, al tener la luz esta coherencia, puede someterse a todos los procesos complejos de modulación de la tecnología de comunicación moderna y, debido a su alta frecuencia, el ancho de banda disponible cuando la técnica haya sido perfeccionada permitirá la coexistencia de un gran número de canales telefónicos, de televisión, de datos digitales, etc.

El material activo de un laser puede ser un sólido, tal como una varilla de rubí sintético, o un gas, como el neón o el dióxido de carbono, en un tubo de cristal. Los lasers sólidos se bombean normalmente alimentándolos con la energía óptica de un tubo de destellos, mientras que una descarga eléctrica proporciona la energía de bombeo en el laser de gas, a menudo se le añade un segundo gas como el helio para ayudar en la transferencia de energía de las partículas cargadas al gas activo, por colisión.

11.3. Lasers industriales

Actualmente se han desarrollado muchos tipos diferentes de laser para satisfacer necesidades médicas, de fabricación e incluso de espectáculos públicos.

Lo más probable es que el lector haya visto el pequeño laser de gas de helio-neón, normalmente usado en demostraciones para el público en general y para los estudiantes en los colegios y universidades en particular. Este laser, distinguible por su luz roja característica, puede ser típicamente menor de un metro de largo y dar una potencia de salida de, digamos, 100 milivatios.

Otros lasers de gas pueden generar kilovatios de potencia, que tendrán unos sistemas de refrigeración elaborados y un tubo de gas muy largo, doblado sobre sí mismo varias veces para formar una unidad más compacta. En el extremo de la escala de potencia es posible producir pulsos de potencia con lasers sólidos —típicamente cristales dopados de impurezas especiales— con una potencia de un megavatio, pero sólo para la corta duración del pulso, que podría ser del orden de un microsegundo. En un período largo, la potencia media del laser será, por supuesto, mucho menor que 1 MW y dependerá del número de pulsos generados por segundo.

La salida de los lasers de más alta potencia se focaliza normalmente para producir un calentamiento muy intenso de un pequeño punto muy definido, y por tanto para fundir, vaporizar y cortar metal, madera, cerámica, plástico, vestidos y tejido vivo. Las técnicas laser para los metales están actualmente altamente desarrolladas, de forma que se pueden suplir el corte y taladro de precisión con tratamientos térmicos selectivos, por ejemplo, el endurecimiento. A veces el pulso de energía tiene una forma especial, con un pico inicial seguido de un nivel constante más bajo, de modo que el máximo efecto se produce en el blanco fijado, con un mínimo de calentamiento del material circundante.

En aplicaciones como la holografía y el control de máquinas-herramienta que contienen una franja de interferencia donde la potencia es menos importante que la pureza espectral, se emplea preferiblemente el laser de gas de funcionamiento continuo. Este tipo de laser será también probablemente el fundamento de los intrumentos de topografía que utilizan un buen dato de línea recta o de medida de distancia.

Cuando el haz de luz de un laser se proyecta a una distancia considerable al aire libre siempre existe la posibilidad de que la turbulencia o discontinuidad de la atmósfera puedan disminuir la notable regularidad en la fase y la dirección de la radiación. Por tal motivo, es probable que el desarrollo de las comunicaciones laser, con la posibilidad de alojar muchos canales en único haz, dependa mucho del desarrollo paralelo de materiales ópticos que se puedan moldear en forma de cables —guías de onda ópticas—

con pocas pérdidas y un gran ancho de banda. Estos dos desarrollos, el de las técnicas de modulación de laser y el de cables ópticos de alta calidad, se están llevando a cabo activamente con la perspectiva de alcanzar en un futuro próximo la comunicación óptica multicanal.

11.4. Tubos de haces de electrones

Existe un tipo de válvulas especiales, ampliamente usadas en la zona de las microondas, que dependen de la interacción de un haz de electrones y algún tipo de circuito eléctrico no usual. La energía cinética de los electrones del haz se convierte en el circuito en energía de radiofrecuencia, y de este modo se consigue amplificación u oscilación. Tales válvulas dependen críticamente de la velocidad de los electrones y, en concreto, del tiempo que invierten en viajar de un extremo al otro de la válvula. Este tiempo de paso es uno de los principios en que se basan estas válvulas no convencionales, el valor del tiempo de paso limita severamente el funcionamiento a las frecuencias mayores.

El amplificador Klistrón de la figura 11.3 utiliza dos cavidades resonantes como circuitos sintonizados de microondas. Las cavidades, mostradas en sección, son «cajas» de metal cerradas con

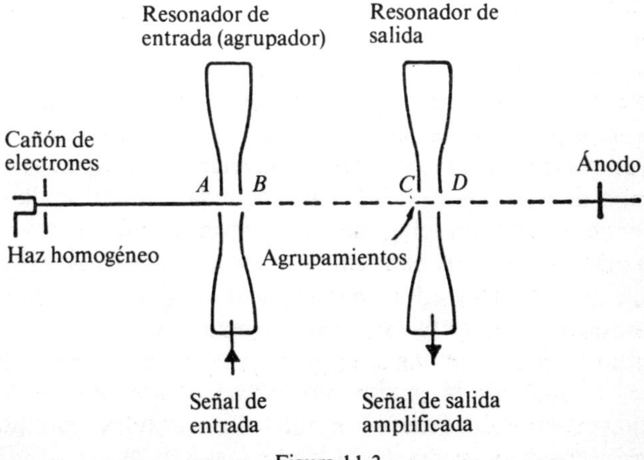

Figura 11.3

corrientes de electrones circulando a frecuencias de GHz por la superficie interior de las paredes, del mismo modo en que lo haría una corriente por la bobina y el condensador de un circuito sintonizado convencional. En el circuito convencional, la energía se halla contenida en el campo eléctrico asociado con el condensador cargado y el campo magnético asociado con la intensidad en la bobina. De forma similar, hay una energía en el campo electromagnético alterno consistente en la cavidad resonante. La frecuencia de resonancia de la cavidad está determinada por su tamaño y geometría internos, que se pueden alterar desplazando un manguito roscado metálico.

Circulará un fino haz de electrones desde un cañón de electrones hacia el ánodo pasando a través de los agujeros centrales de las dos cavidades. La pared *A* de la cavidad será positiva con respecto a *B* durante un semiciclo de la onda que contiene y negativa durante el otro semiciclo. Así, la mitad de los electrones que atraviesan la cavidad son acelerados por el campo eléctrico entre *A* y *B*, y los restantes son retardados. La cantidad de aceleración o de retardo dependerá del punto del ciclo de la r.f. en que el electrón cruce la cavidad.

Al abandonar la cavidad, los electrones de movimiento más rápido comienzan a sobrepasar a aquellos que iban por delante y han sido retardados hasta que, al cabo de cierta distancia, el haz uniforme primitivo se rompe en dos agrupamientos de electrones y huecos entre ellos. Esta primera cavidad se denomina resonador de entrada.

Si un electrón es retardado por el campo eléctrico entre *C* y *D* cuando pasa a través de la segunda cavidad, perderá energía cinética, que irá a incrementar la fuerza del campo de r.f. que provoca el retardo. Inversamente, un electrón acelerado reducirá la fuerza del campo de r.f. de la cavidad. Esta segunda cavidad se llama resonador de salida; en ella hay una acumulación continua de energía debido a los agrupamientos de electrones que la atraviesan en la fase de retardo y aportan energía al campo de r.f., mientras los espacios pasan por ella en la fase desfavorable.

La amplificación se logra aplicando la señal al resonador de entrada y extrayendo la versión amplificada del resonador de salida. Existen amplificadores Klistrón muy grandes que pueden producir picos de potencia del orden de megavatios.

En principio, el amplificador podría convertirse en un oscilador añadiendo un cable de realimentación entre el resonador de entrada y el de salida. Sin embargo, en la práctica, la realimentación se efectúa a través del mismo haz. El oscilador Klistrón utiliza una única cavidad que actúa como resonador de entrada y de salida. El haz lo atraviesa por una zona denominada espacio de deriva, donde los electrones son retardados gradualmente y llevados nuevamente a su trayectoria original por el potencial negativo de un electrodo reflector. A lo largo de este tiempo en el espacio de deriva el haz queda seccionado; y cuando los agrupamientos pasan nuevamente por la cavidad le aportan potencia. Este tipo de oscilador se llama Klistrón reflejo.

En el Klistrón, la interacción del haz de electrones y el circuito que contienen las ondas de r.f. ocurre en un punto del espacio perfectamente definido —en los labios de la cavidad—. Existen otros dispositivos con haz de electrones en los que hay una interacción continua entre el haz y el circuito que contiene la onda.

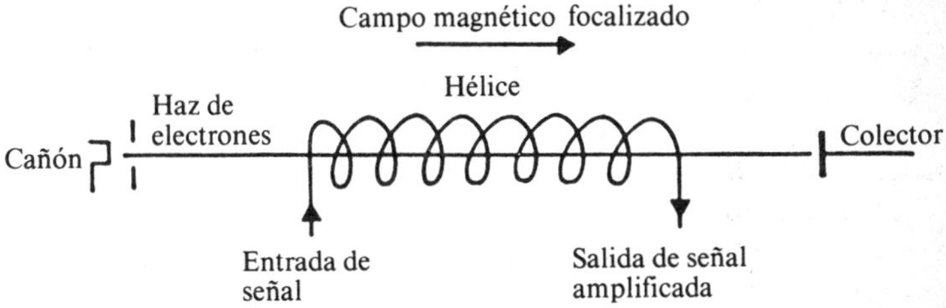

Figura 11.4

En el amplificador de tubo de onda progresiva de la figura 11.4, la señal de r.f. se lleva por la hélice y su onda electromagnética asociada se mueve de izquierda a derecha a baja velocidad, ya que se mueve como si estuviera viajando por la longitud total del cable helicoidal. El haz de electrones procedente del cañón pasa por el centro de la hélice hacia el colector y se mantiene localizada, de forma que nunca toca la hélice, mediante el campo magnético de un solenoide (no dibujado) que rodea a la longitud completa del tubo. Se hace que el haz de electrones tenga una velocidad similar a la de la onda en el circuito de hélice; existe una transferencia continua de energía cinética del haz hacia la onda electromagnética. La amplitud de la señal aumenta a medida que pasa por la hélice de forma que se obtiene una versión amplificada en el extremo de salida.

El tubo de onda progresiva se utiliza normalmente como amplificador en la zona de GHz y presenta la ventaja de tener un gran ancho de banda, que lo hace adecuado para el manejo de una señal que haya sido modulada por muchos canales de comunicación.

Existen otras versiones de tubos de haz de electrones que utilizan circuitos complicados distintos del de hélice para transportar la onda de r.f. Uno de ellos, el oscilador de onda regresiva, tiene una salida cuya frecuencia puede controlarse dentro de amplios límites mediante la tensión utilizada para fijar la velocidad del haz de electrones.

11.5. El acelerador lineal

Todos los dispositivos descritos hasta ahora en este capítulo se usan para la generación o amplificación de radiación electromagnética en el rango de los MHz, GHz o la frecuencia visible. En dos de estos aparatos —el Klistrón y el tubo de onda progresiva— la energía electromagnética adicional se obtenía de la energía cinética de electrones en movimiento. Los electrones de un haz recibían energía de una fuente de tensión continua, y a continuación interactuaban con una onda electromagnética de tal forma que la energía cinética de las partículas se reducía y aumentaba la energía de la onda electromagnética.

Quizá sea adecuado acabar este capítulo mencionando otro aparato de haz de partículas, el acelerador lineal, que actúa en forma inversa. El propósito de un acelerador lineal es aumentar la energía cinética de partículas cargadas utilizadas en la investigación nuclear o de la generación de rayos X muy penetrantes.

En el acelerador lineal se introduce energía electromagnética en la región de las microondas en una guía de ondas recta y larga, posiblemente de Klistrón de gran potencia. La guía de ondas está construida de tal forma que la onda viaja por ella relativamente despacio, pero aumenta su velocidad gradualmente al pasar por ella. Las partículas cargadas entran en la guía a la misma velocidad que la onda, y son introducidas en ella en un punto donde la onda hace aumentar su velocidad; la energía cinética ganada por las partículas procede de la energía de la onda que verá disminuida su amplitud.

La guía de ondas se construye de tal forma que la velocidad de la onda y la de la partícula permanezcan iguales durante el viaje completo de las partículas por la guía. Así la partícula siempre permanece en el mismo lugar de la onda —como alguien que hiciera *surf*— y continuamente absorbe energía de la onda. La energía de radiofrecuencia que el Klistrón da a la guía de ondas hace que las partículas cargadas sean continuamente aceleradas, de forma que salen de la guía de ondas —que en las grandes máquinas pueden tener cientos de metros de longitud— moviéndose mucho más deprisa que cuando entraron.

12 Crioelectrónica y otros semiconductores

La unión *pn* descrita en el capítulo 3 condujo al transistor de unión, el cual a su vez fue el responsable de la electrónica de estado sólido que reemplazó a los circuitos de válvulas termoiónicas en todas las aplicaciones, salvo las muy específicas o las de alta potencia.

Pero además de esta corriente de desarrollo claramente definida coexisten aplicaciones especiales de los semiconductores de unión que han conducido a nuevos y útiles dispositivos, y hay ciertas propiedades concretas de la electrónica de semiconductores que llegarán a ser probablemente importantes en el futuro. Describiremos a continuación alguno de estos temas brevemente.

12.1. Crioelectrónica

Crioelectrónica quiere decir electrónica a muy bajas temperaturas, probablemente a unos pocos grados por encima del cero absoluto. En la válvula convencional, la emisión termoiónica aporta los electrones que necesita para su funcionamiento. Por ello, no habrá posibilidad de utilizar circuitos con válvulas termoiónicas a temperaturas tan bajas, pero con los circuitos de semiconductores la situación es diferente.

Ya hemos visto que el helio líquido es un refrigerante necesario en el maser. En muchos circuitos electrónicos el enfriamiento mejora su comportamiento. Los recientes avances en las técnicas criogénicas —o de obtención de temperaturas muy bajas— han conducido a que el helio líquido, que hierve a 4K a la presión atmosférica, sea actualmente mucho más fácil de conseguir fuera del laboratorio de investigación para obtener temperaturas ambiente bajas. Concretamente, el fenómeno de la superconducción se está explotando industrialmente en los campos de ingeniería eléctrica de potencia y electrónica gracias a la utilización de helio líquido para lograr las bajísimas temperaturas de trabajo.

Si la temperatura de un conductor metálico se disminuye gradualmente, su resistividad cae de forma continua. Pero existen ciertos metales y aleaciones en que se produce un efecto adicional: a determinada temperatura baja, su resistividad desaparece totalmente. Tales materiales se denominan superconductores, y la temperatura a la que pasan del estado resistivo normal al de superconducción se llama temperatura de transición. El plomo, el mercurio, el aluminio, el tántalo y muchas combinaciones metálicas son los superconductores más comunes, y cada uno de ellos tiene su temperatura de transición a la que su resistencia se hace cero. El rango de las temperaturas de transición va desde algo por encima de 0K a poco más de 20K.

El fenómeno de resistencia cero aparece porque, en los relativamente pocos materiales superconductores, los electrones pueden existir en un estado especial conocido como par de Cooper. Un par de Cooper consiste en dos electrones que se hallan enlazados como resultado de una compleja interacción de los cuerpos cargados fijos y libres en la estructura del cristal. Los dos electrones se mueven como uno solo por el material; para separarlos y que actúen independientemente, se debe aportar al par una cierta cantidad de energía, la energía de enlace del par.

La corriente circula en un conductor ordinario cuando los electrones adquieren la velocidad de deriva gracias al campo eléctrico aplicado sumado a su energía cinética. La resistencia se debe a que los electrones son desviados de su trayectoria de deriva por las colisiones que se producen. Pero para que los electrones de un par de Cooper puedan ser alejados de su dirección de esta forma, debe existir suficiente energía térmica disponible para romper el enlace entre ellos.

A temperaturas extremadamente bajas no hay suficiente energía térmica en el material para romper los pares de Cooper, que, en consecuencia, no pueden ser desviados y circularán sin impedimentos por el material cuando se aplique un campo eléctrico, es decir, no experimenta resistencia.

Existen, por tanto, dos requisitos para que ocurra la superconducción: el material debe ser uno de aquellos en que pueden existir pares de Cooper, y la temperatura debe ser tan baja que no se rompan estos pares.

A 0K todos los electrones de un superconductor están formando pares de Cooper, mientras que por encima de la temperatura de transición todos los electrones se hallan en situación normal. A temperaturas comprendidas entre ambas, habrá presentes electrones en estado normal y otros formando pares de Cooper, pero el material seguirá teniendo resistencia cero, ya que la resistencia de los electrones normales tiene en paralelo la resistencia nula de los electrones de Cooper.

El material pasará de la superconducción al estado normal si su temperatura supera la temperatura de transición. Existen otros dos fenómenos críticos que harán que el material presente resistencia normal: que el campo magnético exterior supere un valor determinado y que la densidad de corriente en el material sea mayor de cierta cantidad. Estos tres valores críticos serán diferentes para los distintos materiales, y para cualquier material estarán interrelacionados, de forma que se reducirá la temperatura de transición de un material dado al aplicarle un campo magnético. La cifra que se da normalmente para la temperatura de transición es la que se obtiene con campo magnético nulo.

La extinción de la superconducción aplicando un campo magnético se utiliza en el criotrón, en el que se conmuta la resistencia de un hilo superconductor de cero al estado normal mediante el campo magnético debido a la corriente que circula en otro superconductor.

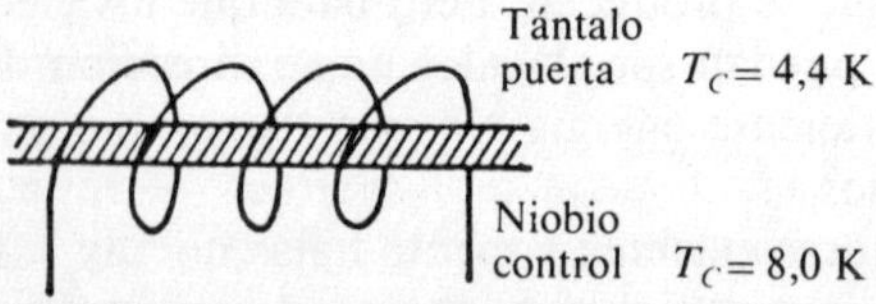

Figura 12.1

En la figura 12.1 se conmuta el hilo de tántalo entre los estados normal y de superconducción con el campo magnético provocado por la corriente que puede hacerse pasar por el solenoide de niobio. El niobio siempre permanece conduciendo porque tiene una temperatura y un campo magnético críticos mayores que el tántalo, y la corriente que circula por él no disipa energía.

Si se induce una corriente en un anillo superconductor, mientras el material permanezca en estado de superconducción, la corriente continuará circulando sin disminuir, sin batería o cualquier otra fuente exterior de f.e.m. Se ha observado que estas corrientes persistentes circulan sin pérdidas durante años.

La corriente persistente que circula por un material superconductor puede utilizarse como la base de un almacenamiento de información en un computador digital, y el criotrón, como el elemento básico de un computador lógico. En cualquier caso, la disipación de potencia será pequeñísima porque gran parte de la corriente que circula lo hará sin resistencia.

Estas técnicas serán aplicadas probablemente en la próxima generación de grandes ordenadores, y los muchos criotrones individuales o células de corriente persistente necesarias se obtendrán depositando finas películas de superconductores, adecuadamente aisladas unas de otras, en láminas que contendrán miles de elementos.

Existen aplicaciones, realizadas y propuestas, de los superconductores en el campo de la ingeniería eléctrica de potencia, que se salen del propósito de este libro. Pero los motores, generadores, cables de potencia, electroimanes —superconductores—, etc., hacen uso de una propiedad especial de superconducción de interés general, y algunas de estas aplicaciones de la ingeniería eléctrica afectarán a la electrónica, por ejemplo el uso de un imán superconductor con un maser. En la mayoría de estas aplicaciones, se encuentran grandes densidades de corriente y campos magnéticos intensos que podrían hacer a un superconductor grueso ordinario pasar al estado normal. Pero si un superconductor se prepara en forma de una fina película, o si un hilo grueso se hace de una aleación superconductora que tenga una estructura filiforme, el campo magnético y la densidad de corriente críticos serán mayores que en un superconductor macizo. Los superconductores de estructura filiforme con campos magnéticos críticos grandes se denominan superconductores del Grupo II y tales materiales, por ejemplo niobio-titanio, se utilizan en lugar de los del Grupo I en las aplicaciones de la ingeniería de potencia.

Dos superconductores, con una fina capa de aislante que los separe, constituyen una unión con propiedades especiales que fueron descubiertas por Josephson. Concretamente, la capa aislante de la unión puede comportarse como superconductora bajo ciertas circunstancias y mediante un campo magnético ser devuelta a su estado normal. Esta conmutación puede realizarse muy deprisa, y puede llegar a ser el fundamento de una futura generación de computadores crioelectrónicos de muy alta velocidad.

12.2. Diodo de avalancha o zener

La naturaleza de la unión entre un semiconductor tipo *p* y otro tipo *n* se ha estudiado (Ap. 3.3) a causa de su importante acción rectificadora. El diodo de avalancha o zener es una aplicación de la unión *pn* que resulta de aprovechar el comportamiento de la corriente inversa.

En la figura 12.2(*a*) *OA* es parte de la característica de corriente directa de un diodo de unión y *OB* es la porción de la característica inversa que hemos visto ya. Si se aumenta la tensión inversa aplicada al diodo hasta V_C, el campo eléctrico en la zona de transición se hará muy grande y la energía adquirida por los portadores intrínsecos de carga que atraviesan la unión originando la corriente inversa llegará a ser suficientemente grande para produ-

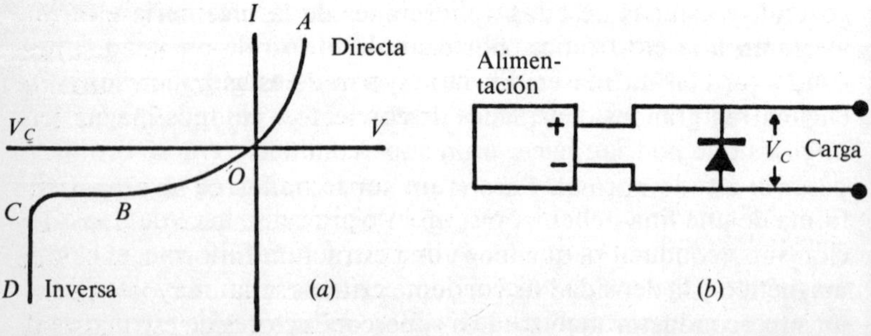

Figura 12.2

cir ionización por colisión, y por tanto producir más portadores de carga en la zona de transición. Los portadores de carga así producidos se suman a la corriente inversa y adquirirán ellos mismos bastante energía para provocar una mayor ionización y se producirá una avalancha de corriente. Además de esta corriente de avalancha se tendrá que el campo eléctrico puede ser lo bastante grande para excitar los electrones directamente de la banda llena a la vacante. Esto se llama efecto zener y contribuye a formar la gran corriente inversa que se produce a la tensión V_C. En este punto, la característica es idealmente vertical (*CD*). Este diodo se puede utilizar para estabilizar la tensión V_C en la carga (véase figura 12.2*b*), eliminando las oscilaciones de la tensión de alimentación o variaciones propias de la carga.

12.3. Varactor

El varactor, o diodo de capacidad variable, explota las posibilidades que ofrece el comportamiento de la zona de transición que se forma en la unión de un material tipo *p* y otro tipo *n*. En esta zona existe una carga almacenada en forma de iones de impureza fijos que no se hallan neutralizados por los portadores móviles de carga que existen en el cuerpo del material *p* o *n*. La unión actúa así como un condensador y si se le aplica una tensión, ésta modificará el tamaño de la zona de transición y, por tanto, su capacidad.

El varactor se polariza normalmente en sentido inverso, de forma que la «corriente de fugas» en el condensador es muy pequeña. Cualquier variación de capacidad requerida se obtiene modificando esta polarización. Situado en un circuito sintonizado permite controlar la frecuencia de resonancia para conseguir sintonización remota, control automático de frecuencia o modulación de frecuencia.

Una aplicación especial del varactor se realiza en un tipo particular de amplificador denominado amplificador paramétrico. En él, el diodo se sitúa en serie con la carga y la fuente de señal. Si se hace variar la capacidad del diodo, aumentará la cantidad de potencia en la carga a la frecuencia de la señal, es decir, se consigue amplificación. La variación de la capacidad la realiza una fuente de tensión a la que se llama bomba, que funciona a una frecuencia inferior a la de la señal y es la frecuencia de la fuente primaria de potencia para el amplificador, como en el maser.

12.4. Diodo emisor de luz (LED)

Otra aplicación del diodo de unión, que se traduce en la luz de estado sólido y el laser de inyección, conlleva una emisión de luz por parte de la unión.

Cuando se polariza una unión *pn* en sentido directo, la corriente se crea por huecos y electrones circulando en sentidos opuestos. Cuando estos huecos y electrones se encuentran en la zona de transición, se recombinan, emitiendo una cantidad de energía igual al ancho de la banda prohibida. En el germanio y el silicio esta banda es comparativamente pequeña y sólo se libera energía térmica.

Pero el arseniuro de galio tiene una banda prohibida más ancha y emite una radiación infrarroja, mientras el fosfuro de galio, con una banda todavía mayor, produce luz visible. Se puede aumentar la gama de colores posibles asociando el emisor infrarrojo con fósforo, el cual produce luz visible al ser expuesto a tal radiación. Estas lámparas se utilizan aisladamente y en matrices de indicadores ópticos para sistemas electrónicos. La eficiencia es muy alta y, al ser en esencia diodos de unión, las lámparas pueden ser intercaladas por lo común en el circuito directamente, el cual se hará funcionar a las intensidades y tensiones adecuadas.

Si dos caras opuestas de una unión emisora de luz se hacen adecuadamente planas y paralelas, de forma que pueda producirse internamente una reflexión múltiple de fotones emitidos, se puede lograr, si se aumenta la intensidad por encima de un valor determinado, el efecto laser. Este laser de inyección tiene su unión refrigerada y puede funcionar de un modo continuo, modulando la luz de salida cuando sea necesario, mediante una modulación adecuada de la corriente en el diodo.

12.5. Diodo túnel

Otra disposición importante de la unión es el diodo túnel, en el que la concentración de impurezas en los dos materiales es altísima, lo que provoca una situación especial en la unión que conduce a la aparición de una componente adicional de corriente en sentido directo denominada corriente túnel. A causa de la naturaleza ondulatoria del electrón, le es posible traspasar una delgada capa de aislante entre dos materiales al ir de uno, a otro en que exista un nivel energético vacante adecuado. En el diodo túnel esto es posible para un limitado margen de tensiones en sentido directo; la corriente túnel, sumada a las corrientes directas ordinarias, da una característica $I - V$ que presenta una pendiente negativa en ese margen de tensiones, es decir, I aumenta cuando V disminuye. A cualquier componente con tal característica se le puede hacer producir amplificación con un circuito apropiado a frecuencias muy altas; se utilizan en circuitos de pulsos y de conmutación de alta velocidad.

12.6. SCR, tiristor

Los diodos descritos anteriormente realizan funciones especiales distintas de la conducción en un solo sentido. Pero existe un rectificador de silicio comúnmente utilizado en la actualidad que tiene cuatro capas, *pnpn*, y tres terminales. Como en el diodo común, el terminal conectado a la capa *p* de un extremo debe ser positivo con respecto al terminal conectado a la capa *n* del otro si se quiere que haya conducción. Pero en este componente, que se denomina rectificador de silicio controlado (SCR —por las iniciales en inglés—), o tiristor, existe un tercer terminal, llamado puerta, conectado a la capa *p* interna. Incluso si se aplica una tensión de polaridad adecuada entre los terminales principales, no tendrá lugar la conducción a menos que se aplique un pulso de disparo a la puerta, positivo con respecto al terminal conectado a la capa *n* externa. La puerta se utiliza para controlar el momento de conducción en los grandes rectificadores industriales y los circuitos interruptores. Sin embargo, una vez que ha comenzado la conducción, se pierde el control y continuará circulando intensidad hasta que la tensión se reduzca a cero o se invierta.

12.7. MOS, FET

Desde que se inventó el transistor en 1948, se han empleado muchos métodos de fabricación para mejorar las características y fiabilidad; una técnica de deposición particularmente exitosa se traduce en el transistor de metal-óxido-silicio (MOS). La mayoría de la gran variedad de transistores existentes en la actualidad, que cubren un extenso rango de potencias y frecuencias, son del tipo convencional con emisor, base y colector. Hay, sin embargo, un tipo especial denominado transistor de efecto de campo (FET) en el que los electrodos respectivos se llaman fuente, puerta y drenaje, y en el que la corriente que circula entre la fuente y el drenaje depende de la tensión aplicada a la puerta en lugar de la corriente que se aporte. A causa de esto, el FET actúa más como una válvula que como un transistor, en el que la corriente que circula entre colector y emisor se controla con la corriente en el terminal de base. La puerta es equivalente a la rejilla de control y, además, el FET tiene una gran resistencia de entrada más parecida a la de las válvulas que al bajo valor típico del transistor.

12.8. Célula fotovoltaica, batería solar

Las uniones *pn* de los diferentes componentes estudiados anteriormente estaban, en general, conectadas a una batería, u otra fuente externa de potencia, que hacía pasar a los huecos y electrones a través de la unión. En las luces de estado sólido, los huecos y electrones se combinan unos con otros en la zona de transición para producir luz. Así, la energía eléctrica es convertida en luz.

En la célula fotovoltaica tiene lugar el proceso inverso. La luz que llega a la célula penetra en la zona de transición y produce huecos y electrones que pueden circular por la célula y por un circuito exterior. La energía de la luz incidente se convierte en energía eléctrica.

La energía de una única célula fotovoltaica sólo es suficiente para hacer funcionar, digamos, el indicador de un fotómetro o el relé de un sistema controlado por luz. Pero se pueden usar bancos de células para generar la potencia requerida para los circuitos eléctricos de un satélite espacial, o incluso para prestar una contribución significativa a las necesidades domésticas de potencia en un hogar normal, sobre todo si la casa se encuentra en una localidad soleada.

La naturaleza de la capa de transición en una unión *pn* se describió en el apartado 3.3. En la célula fotovoltaica el material elegido será uno en el que la energía de la banda prohibida sea igual, o algo menor, que la energía de la luz incidente (hf). Así, un cuanto de luz absorbido por la zona de transición puede provocar la excitación de un electrón de la banda llena hasta la vacante, dejando un hueco en la banda llena. Se producen, por tanto, dos portadores de carga móviles, como con la excitación térmica de los portadores en el semiconductor intrínseco (Ap. 2.3).

Cuando la absorción de un cuanto de luz por la zona de transición produce un hueco y un electrón móviles, los dos portadores de carga se moverán en sentidos opuestos bajo la influencia del campo eléctrico que se creó en la capa de transición cuando se pusieron en contacto los materiales de tipo *p* y *n*. Los electrones móviles se dirigen hacia el material *n* y los huecos al *p*, con lo que circulará una corriente eléctrica por un circuito exterior si éste se halla conectado a la célula fotovoltaica.

La batería solar es un conjunto de células fotovoltaicas específicamente diseñadas para producir cantidades relativamente grandes de energía eléctrica a partir de la luz del Sol.

Si se conecta un voltímetro a una sola célula, se medirá una tensión del orden de un voltio o menos, dependiendo de los materiales de la célula. Si se unen dos células en serie, se doblará esta tensión.

La potencia suministrada por una batería a una carga exterior es la tensión de batería multiplicada por la corriente que circula. Si se puede duplicar el área de unión en la célula, o más comúnmente, si se conectan dos células en paralelo, la corriente se duplicará. Así una batería solar real tendrá cierto número de células conectadas en serie en una subunidad para dar la tensión necesaria V, y cierto número de subunidades conectadas en paralelo para aportar la intensidad requerida I, y, por tanto, la potencia ($P = VI$), para satisfacer las necesidades del circuito.

La potencia de salida de cualquier batería solar dependerá fundamentalmente de la cantidad de luz que penetre en la zona de transición en un tiempo dado, y que sea absorbida por ella produciendo portadores de carga móviles. Los materiales y la geometría de las células individuales y la orientación del panel solar en el tejado deben elegirse con cuidado para producir la máxima cantidad de energía libre.

Los motivos de la instalación de paneles solares son normalmente el ahorro económico o la conservación de los recursos energéticos —posiblemente ambos—. En el primer caso el propietario debería, prudentemente, hacer un balance de los costos de capital, de instalación, de mantenimiento y de depreciación, frente al valor de la electricidad generada. En el segundo caso se debería recordar que se habrá consumido energía en la fabricación de los paneles y que pueden pasar muchos años hasta que sea satisfecha esta «deuda energética» mediante la electricidad producida.

13 Circuitos integrados y microprocesadores

Una vez que el transistor de unión quedó establecido como la base de la nueva electrónica de semiconductores, se realizaron diferentes intentos para mejorar las técnicas de fabricación a fin de conseguir transistores con especificaciones concretas y en número muy grande para satisfacer el nuevo y gigantesco mercado. Estas mejoras condujeron al transistor epitaxial plano, y los nuevos métodos empleados en su producción se adaptaron rápidamente a la producción de circuitos integrados.

13.1. Transistores epitaxiales planos

Primero se prepara y pule una fina oblea de una varilla de silicio con la concentración de la impureza necesaria, *n* o *p*. A continuación, se depone una finísima capa de silicio en estado vapor sobre la plaquita y se oxida de forma que una envuelta protectora de silicio aislante la recubra por completo. Luego se cubre totalmente la superficie con un material fotosensible.

Se prepara una pequeñísima máscara opaca, con huecos transparentes cuidadosamente posicionados sobre ella, dibujándola a una escala grande y reduciéndola después fotográficamente. Esta máscara se coloca sobre la plaquita y se ilumina el conjunto con luz ultravioleta, para exponer el material fotosensible que queda sin cubrir a causa de los huecos. Las partes expuestas se eliminan mediante un revelador fotográfico, y el material restante no expuesto, mediante un tratamiento térmico, se impermeabiliza al atacador en que seguidamente se sumerge la plaquita.

El atacador disuelve el dióxido de silicio excepto en aquellos lugares donde estaba protegido por el material fotosensible que no ha resultado expuesto. Por último, este material se elimina, con lo que la plaquita queda cubierta con una capa aislante excepto en los huecos del silicio dopado primitivo que corresponden a los huecos de la máscara.

Ahora ya se puede formar una unión *pn* deponiendo sobre el material expuesto más silicio, pero con impureza de «polaridad» opuesta, *p* o *n*, a la del dopado inicial de la oblea. Utilizando diferentes máscaras y repitiendo el proceso se pueden realizar nuevas uniones para formar transistores.

El método general descrito se puede utilizar para fabricar transistores aislados, cada uno en un chip de silicio de aproximadamente 1/10 m^2 de área. Pero la plaquita inicial de silicio, de unos pocos centímetros cuadrados, tiene marcada una cuadrícula, como en un papel cuadriculado, en la que cada cuadrado es un único chip. De esta forma se fabrican simultáneamente muchos cientos de transistores idénticos sobre la misma plaquita, que después se corta para separar los distintos chips. Una vez hecho esto se sitúa cada chip en una cápsula protectora que tiene unas patillas adecuadas para las conexiones.

13.2. Circuitos integrados

La técnica de la máscara fotográfica, el atacador, y la deposición de la fina película pronto se desarrolló para trazar también las resistencias, condensadores y conectores metálicos. De esta forma se produjeron los primeros circuitos integrados en chips de silicio de 1 mm^2.

En lugar de trabajar con componentes activos y pasivos individuales, el diseñador podía usar ahora circuitos completos como amplificadores, sumadores y contadores, y podía ensamblarlos en grandes sistemas que realizaran las funciones más complejas que se necesitaran.

Esta primera integración a pequeña escala (SSI), con unos cientos de componentes por chip, se consideró extraordinaria sobre todo por el pequeño tamaño de los circuitos resultantes. Los avances en las técnicas de fabricación condujeron a una densidad de componentes mucho mayor (integración en gran escala) y en la actualidad resulta posible incluir, digamos, 100.000 componentes en una pastilla de silicio de 1 cm^2. Esto se denomina integración a muy gran escala (VLSI) y su densidad de componentes se multiplicará probablemente por diez en un futuro próximo.

Los circuitos VLSI son, por supuesto, extraordinariamente pequeños pero no es ésta su característica más importante. Hay dos propiedades que combinadas harán que estos nuevos circuitos integrados (IC) cambien parte de la vida doméstica e industrial.

En primer lugar, el enorme número de componentes en un IC significa que éste es un sistema electrónico completo y no sólo un circuito, y puede, por tanto, utilizarse para realizar funciones de complejidad muy grandes. En segundo lugar, un IC se puede producir con relativamente poco coste y más si se trata de un chip concreto que se imponga masivamente en el mercado.

Una característica importante de los años iniciales de la explotación comercial de los circuitos integrados fue la creación de un gran mercado de relojes, pequeñas calculadoras personales, videojuegos, máquinas registradoras y básculas.

Los circuitos integrados se utilizaron en un principio para operaciones relativamente simples. La función de un IC concreto quedaba definida y fijada cuando era fabricado, y esta función no se podía alterar posteriormente de ninguna forma. Tales IC son los chips de los relojes, calculadoras sencillas, aplicaciones domésticas, terminales de punto de renta y pequeñas memorias.

Un microprocesador es un IC más elaborado que puede ser programado por el usuario para realizar cualquier función de un conjunto específico de ellas, y que puede trabajar con una cierta variedad de dispositivos de entrada y salida.

13.3. Microprocesadores

El primer microprocesador que se produjo fue destinado al mercado de calculadoras para ofrecer un chip adaptable que se pudiera programar para realizar distintas funciones. De esta forma el IC pasó de ser un sustituto para las calculadoras mecánicas pasadas de moda a convertirse en un genuino, aunque sencillo, computador digital.

Un microprocesador puede efectuar todas las funciones de la unidad central de proceso de un computador (CPU). Cuando los microprocesadores se asocian —sobre los mismos chips u otros adyacentes— con memorias, y circuitos de entrada/salida para los datos y resultados, se convierten en microcomputadores, y ofrecen, en una pequeña caja, posibilidades y potencia de proceso comparables con aquéllas de las máquinas que ocupaban habitaciones completas en los años cincuenta y sesenta.

Las memorias de semiconductor son las ROM (memorias de sólo lectura), cuyo contenido no puede alterarse una vez que el chip está terminado, y RAM (memorias de acceso aleatorio) cuyo contenido se puede modificar durante el funcionamiento, esto es, la memoria puede ser leída y se puede escribir en ella. Estas memorias, en chips, pueden sustituirse por almacenamientos permanentes, típicamente «discos flexibles», memorias magnéticas flexibles y baratas que son como pequeños discos de música.

13.4. Aplicaciones comerciales

Algunas aplicaciones de los circuitos integrados se realizan en dispositivos que se inventaron a partir del chip de silicio. Las calculadoras de bolsillo y los computadores, los videojuegos y los procesadores de textos son algunos de estos productos que han creado nuevos y grandes mercados.

A veces el IC no hará más que mejorar o extender un sistema existente. El chip puede ser uno muy simple utilizado para controlar, digamos, una lavadora doméstica, o para calcular los precios en la balanza de una tienda. En el otro extremo de la escala, un microprocesador puede insertarse en un sistema de instrumentación para procesar las observaciones y mostrar los resultados pedidos. Por ejemplo, pueden pesarse todos los paquetes de pólvora de una línea de producción y los resultados analizarse de forma continua para ver si la curva de distribución de pesos indica que debería ajustarse el sistema de llenado a fin de satisfacer los requisitos legales o para maximizar el beneficio.

El campo de los computadores, continuamente en expansión, ha creado por sí solo una gran área de aplicación de los microprocesadores en los microordenadores. El microordenador ha hecho los equipos de cálculos para la contabilidad, el control de almacén y la administración en general, asequibles para los pequeños negocios que no pueden permitirse un gran computador. Muchos microordenadores se han vendido a las grandes empresas o instituciones para ocupar un lugar adecuado dentro de una jerarquía de computadores. Típicamente, existirá un computador central muy grande con funciones administrativas y algunas otras que entreguen y pidan datos a las distintas partes de una organización. Cada departamento tendrá un miniordenador compartido por los ejecutivos de aquél y capaz de interactuar con el computador central. Finalmente, determinados miembros del personal del departamento tendrán su propio microordenador de mesa utilizado exclusivamente para funciones especializadas.

Existen dos áreas principales de desarrollo que merece la pena examinar como ilustrativas de la difusión de los microprocesadores, y el profundo efecto que seguramente provocarán en la vida pública e industrial. Estos dos campos son la ingeniería asistida por ordenador (CAE) y la transferencia electrónica de fondos (EFT).

13.5. Ingeniería asistida por ordenador

En la actualidad hay disponibles equipos basados en los ordenadores en muchos campos que contribuyen al diseño asistido por ordenador (CAD) y la fabricación asistida por ordenador (CAM). Estos dos procesos juntos constituyen la ingeniería asistida por ordenador (CAE.)

Algunos ejemplos son la máquina de delineación automática, el vehículo automático de transporte por taller y la máquina-herramienta de control numérico.

Las máquinas de delineación electrónica producen planos de diseño bidimensionales y tridimensionales, dibujos detallados y listas de piezas más rápidamente y de forma más uniforme que los métodos manuales. Pueden además grabar cintas para hacer funcionar a las máquinas-herramienta de control numérico que van a fabricar lo dibujado.

Los taladros y prensas de revólver de control numérico trabajan de modo continuo sin errores, realizando una serie complicada de tareas bajo el control de la cinta de programa compilada para hacer un mejor uso del tiempo, las herramientas y el material.

El vehículo de transporte en taller es una plataforma sin conductor que recoge y entrega material, componentes y piezas acabadas. Está guiado por un bucle inductivo embutido en el suelo de la fábrica, que llama a las estaciones de trabajo o puntos de suministro, no de una forma rígida, sino dinámicamente controlada por un ordenador para elegir el camino óptimo de acuerdo con los requerimientos minuto a minuto del proceso de fabricación.

Los procesos de diseño asistido por ordenador (CAD) y de fabricación asistida por ordenador (CAM) están bastante establecidos en la industria, y los pasos para aunarlos en un sistema integrado de ingeniería asistida por ordenador (CAE) han obtenido grandes progresos. Se ha sugerido, por ejemplo, que la máquina de delineación electrónica podría no producir dibujos como en la ingeniería convencional, sino compilar directamente las cintas para las máquinas de control numérico y aportar la información acerca de los materiales más importantes y de las piezas necesarias para que el ordenador de almacén actuara en consecuencia. Éste parece ser el camino hacia la completa implementación de la CAE con sus fábricas administradas por ordenador y operadas por robots.

13.6. Transferencia electrónica de fondos

El dinero se inventó para sustituir al incómodo proceso de intercambio. Posteriormente vino el talonario de cheques para reducir la necesidad de manejar grandes sumas de dinero en efectivo, pero actualmente los bancos ven que hay un alarmante incremento en el volumen y costos del procesado de los cheques. Extrañamente, esto está acompañado por el aumento en los atracos contra los fondos en efectivo que aún deben transportarse y almacenarse.

Las dudas de las entidades financieras sobre el futuro papel del cheque en el mundo comercial y sobre los peligros del intercambio de dinero en efectivo tienen su eco en la persona que tiene que esperar en la cola del supermercado a que alguien acabe de rellenar un cheque y en la inquietud del peatón solitario que contempla la posibilidad de ser atracado.

El sistema de transferencia electrónica de fondos (EFT) sustituirá al transporte físico de cheques y dinero, ambos vulnerables, y la posterior lectura y escritura por los humanos que son lentos, propensos a errores y a quienes resulta costoso emplear, por señales digitales circulando por cables. El funcionamiento del sistema de EFT y su interrelación con la administración en general se pueden comprender fácilmente si nos fijamos en los supermercados, donde el lector ya habrá notado que algunos elementos del sistema ya han entrado en funcionamiento y que se hace un uso considerable de los microprocesadores.

Típicamente el empleado identificará cada producto comprado pasándolo por un dispositivo sensible que «lee» el código de barras impreso en el envase. Este código también contiene el precio del artículo.

Para el cliente el terminal del punto de venta graba e imprime la identidad de cada producto y su precio y el coste total de la compra. La tarjeta de EFT del cliente se introduce ahora en el terminal que leerá una banda o alguna otra identificación de la tarjeta, que indicará el nombre del cliente y de su banco. Esta información se pasa al ordenador del almacén central que se pone por sí solo en contacto con el del banco y le da instrucciones para descontar la suma correspondiente de la cuenta del cliente, ingresándola en la cuenta del almacén, la cual puede estar en otro banco.

Se da confirmación de la validez del crédito al terminal de punto de venta donde el empleado devolverá la tarjeta de EFT y entregará los bienes adquiridos. Los detalles referentes a la compra también los pasa el terminal al ordenador central del establecimiento para control de almacén y grabación de las ventas.

Un sistema de EFT nacional que funcione según las líneas apuntadas presentaría ventajas obvias para los bancos y grandes establecimientos y podría añadirse también a esto la comodidad para el cliente en las compras. Sin embargo, debe considerarse el coste de capital del nuevo equipo; el reducir el personal administrativo de un banco puede además no ser considerado como deseable socialmente en un periodo de mucho desempleo; los clientes perderían el tiempo de gracia de que ahora disponen antes del pago con los cheques y las tarjetas de crédito; por otro lado, siempre existirán clientes sin cuentas bancarias y pequeñas tiendas sin equipos de EFT, así que tendrá que seguirse utilizando el dinero.

Mucha gente ya tiene formada una opinión acerca de los méritos relativos de la chequera, la tarjeta de crédito, y el dinero en mano en concreto, acerca de la conveniencia de cada uno en las diferentes circunstancias. Pronto tendrán ocasión de valorar el sistema de alta tecnología de EFT.

En el futuro, las personas individuales tendrán, de forma creciente, que juzgar si consideran que los nuevos desarrollos tecnológicos son adecuados para el estilo de vida que desean seguir. Con sistemas como la EFT el individuo —en cierta medida— podrá optar por no aceptarlos si no le gustan. Pero en otros casos no será así, y será importante que la opinión pública haga oír su voz antes de que se tomen decisiones para adoptar esquemas locales o nacionales. Muchos de tales esquemas contendrán algún elemento de tecnología electrónica, y se espera que el lector sea uno de los mejor informados de los —así llamados— profanos para cuyo beneficio los políticos, servidores del gobierno, fabricantes y técnicos lleguen a tomar decisiones acerca de algún proyecto caro y supuestamente destinado a mejorar la calidad de vida.

Glosario

Este glosario pretende dar algunos comentarios breves y útiles más que definiciones rigurosas. En la mayoría de los casos, se podrá obtener mayor información en el texto consultando el índice de materias.

Acelerador lineal. Máquina en la que una onda electromagnética con una frecuencia de GHz viaja por una guía de ondas aportando energía cinética a una partícula cargada que viaje a la misma velocidad.

Aislante. Material que no conduce la electricidad. Los aislantes tienen un diagrama energético característico con una banda prohibida muy ancha.

Almacenamiento. En un ordenador, unidad, que puede ser magnética, en la que se puede grabar y almacenar información en forma de pulsos de tensión.

Amplificador paramétrico. Amplificador poco corriente con propiedades de bajo ruido. Habitualmente utiliza un varactor.

Amplificador sintonizado. El que tiene circuitos sintonizados y, por tanto, sólo amplifica señales en un estrecho margen de frecuencias.

Amplitud. Altura de la cresta de la onda: su máximo desplazamiento del cero.

Ancho de banda. Margen de frecuencias de una señal, o a las que responde un aparato. Una señal que contenga frecuencias de 1 KHz a 1,2 KHz tiene un ancho de banda de 0,2 KHz.

Angulo de cobertura. Angulo sólido, por ejemplo 10 grados, dentro del cual está contenida la radicación de una antena direccional.

Ánodo. Electrodo positivo de la válvula (o en la electrólisis) hacia el que son atraídos los electrones (o los iones negativos).

Átomo excitado. Un átomo en su estado normal posee cierta energía. Si el átomo adquiere mayor energía que ésta, se dice que está excitado.

Banda lateral. Cuando una portadora de frecuencia *f* se modula con una nota audible de frecuencia *a*, la señal resultante se compone de tres frecuencias: *f*, *f*+*a* y *f*−*a*. Las dos últimas componentes, a cada lado de la frecuencia portadora original, se denominan bandas laterales.

Banda prohibida. Parte de un diagrama energético. Margen de valores de energía que no puede poseer ningún electrón.

Barrera de potencial. Si dos materiales diferentes se ponen en contacto, algunos electrones pueden pasar de uno a otro, quedando uno negativamente cargado con respecto al otro. Se forma una diferencia de potencial —la barrera de potencial— que impide el paso de más electrones.

Base. Una de las tres regiones del transistor; a menudo la entrada del amplificador con transistor.

BASIC. Lenguaje de programación de ordenadores, frecuentemente se enseña como introducción a la programación.

Bit. Dígito binario (0 ó 1). También utilizado como unidad de medida de información.

Bomba. La fuente fundamental de potencia en un maser, laser o amplificador paramétrico. Se trata de una alimentación alterna eléctrica u óptica, no de una fuente de c.c. como en otros amplificadores.

Bucle cerrado. Sistema de control en el que se utiliza una tensión proporcional al error para llevar al sistema en el sentido en que se reduzca el error.

Byte. Número (típicamente ocho) de bits de la longitud normal de palabra que usa un ordenador.

CAD. Diseño asistido por ordenador; puede incluir cálculo y dibujo.

Capacidad de información. La capacidad de información de un sistema es la velocidad a que puede manejar la información en bits por segundo.

Carga espacial. Nube de partículas cargadas que normalmente llena el espacio entre dos electrodos.

Cátodo. Electrodo negativo que emite electrones en una válvula termoiónica, o por el que son atraídos los iones positivos en la electrólisis.

Cavidad resonante. A frecuencias del orden de 1 GHz es posible utilizar una caja conductora en lugar de un circuito con bobinas y condensadores. La energía electromagnética se halla contenida en la caja (la cavidad) y circulando por sus paredes hay una corriente de alta frecuencia. La frecuencia de resonancia de una cavidad depende de sus dimensiones.

Circuito integrado. Circuito electrónico, normalmente de gran complejidad, en el que todos los componentes —condensadores, resistencias, transistores, etc.— están hechos sobre un único chip de silicio.

Circuito lógico. Circuito electrónico que realiza una operación lógica sencilla, por ejemplo una puerta AND.

COBOL. Lenguaje de programación utilizado en el campo comercial.

Colector. Una de las tres regiones de un transistor de unión, normalmente en el lado de salida, en los amplificadores.

Constante de Planck (h). El fundamento de la teoría cuántica es la relación existente entre energía (E) y frecuencia (f), $E = hf$.

Constante de tiempo. Un condensador C se descarga a través de una resistencia R, perdiendo carga exponencialmente con el tiempo a una velocidad determinada por el producto de C, en faradios, y R, en ohmios. CR, medida en segundos, se denomina constante de tiempo. El condensador perderá unos dos tercios de su carga en un tiempo igual a CR. La constante de tiempo se aplica igualmente al proceso de carga.

Control adaptativo. Sistema de control cuyas características están diseñadas para modificarse automáticamente durante el funcionamiento a fin de mejorar el comportamiento del sistema.

CPU. Unidad central de proceso; contiene secciones de instrucciones, lectura, aritmética, y control general del ordenador.

Crecimiento epitaxial. Fabricación de transistores y circuitos integrados mediante la deposición de capas sucesivas de distintos materiales sobre un delgado chip de silicio a través de máscaras fotográficas.

Crioelectrónica. Electrónica a muy bajas temperaturas (típicamente 4 K) que utiliza los efectos de superconducción.

Cuanto. Paquete invisible de energía (E). $E = hf$ es un cuanto de energía de frecuencia f; la energía a esta frecuencia sólo puede existir en múltiplos de esta cantidad. h: constante de Planck.

Chip. Pequeña plaquita de silicio sobre la que se crean transistores y otros componentes mediante deposición en estado vapor para hacer un circuito integrado.

Chip de silicio. Véase chip.

Chopper. Dispositivo que conmuta alternativamente una señal de tensión continua a la entrada de un amplificador de forma que queda convertida en pulsos y puede ser tratada posteriormente como una señal alterna.

Deriva. Es el lento movimiento de las partículas cargadas bajo la influencia de campos eléctricos muy pequeños.

Difusión. El lento desplazamiento de átomos, moléculas, o partículas cargadas de una región de alta concentración hacia otra de una concentración menor.

Diodo. Componente con dos terminales (puede ser tanto semiconductor como válvula) que permite el paso de la corriente a su través en un sentido pero no en el otro.

Diodo túnel. De manera inusual para un componente con dos electrodos, este diodo tiene propiedades amplificadoras; se usa en interruptores de muy alta velocidad. La amplificación se consigue con la aplicación del efecto túnel que se traduce en una característica tensión-intensidad con una pendiente negativa en alguna de sus partes.

Diodo zener. El diodo zener o de avalancha tiene una parte de su característica tensión-intensidad casi vertical. Esta propiedad se aprovecha para mantener constante la salida de una fuente de c.c. que presente una variación indeseada.

Disco. Se aplica a los baratos discos flexibles o a los mayores y más caros discos duros que se usan en los ordenadores para grabar y almacenar datos magnéticamente.

Dopado. Adición de pequeñas cantidades de la impureza seleccionada (típicamente algunas partes por millón) a los semiconductores y otros materiales para conseguir propiedades eléctricas u ópticas deseables.

Electrón. Pequeña partícula negativamente cargada. Es uno de los constituyentes de toda materia y el principal agente de toda corriente eléctrica.

Emisión estimulada. Efecto cuántico por el que un átomo excitado se ve estimulado a emitir un cuanto de radiación cuando un cuanto idéntico pasa cerca de él.

Emisión secundaria. Emisión de electrones de un material originada por otros electrones que golpean su superficie.

Emisión termoiónica. Si un metal se calienta, alguno de sus electrones libres puede adquirir energía suficiente para escapar de su superficie. Esto es la emisión termoiónica: es la base del funcionamiento de la válvula termoiónica.

Emisor. Una de las tres regiones de un transistor de unión. De él provienen los electrones o huecos en que se basa la acción transistor.

Energía térmica. El calor aportado a una sustancia para mantenerla en la temperatura a la que se encuentra es su energía térmica. Gran parte de esta energía puede identificarse como una vibración de la red cristalina en el sólido y como el movimiento aleatorio de partículas libres, por ejemplo, electrones en un metal, o moléculas en un líquido o gas.

Espectro. Conjunto de frecuencias, por ejemplo, el espectro de luz emitida por una bombilla.

Espectro electromagnético. La familia de energía de diferentes longitudes de onda: desde radio en el extremo de onda larga, pasando por el radar, el calor, la infrarroja, la luz, la ultravioleta, los rayos X, hasta llegar a los rayos en el extremo de onda corta.

Factor Q. Factor de calidad de un circuito sintonizado. Un circuito de Q alto es aquél que sintoniza muy exactamente su frecuencia de resonancia.

Ferrita. Material con propiedades magnéticas como el hierro, pero de alta resistencia eléctrica. Se usa en los núcleos de los transformadores de altas frecuencias para las que las corrientes de pérdidas en el hierro podrían ser muy grandes.

FET. Transistor de efecto de campo. La corriente de salida se controla con la tensión aplicada a un electrodo denominado puerta, en lugar de por la corriente de entrada como en el transistor de unión.

Fiabilidad. La fiabilidad de una parte de equipo se define formalmente como la posibilidad de que funcione correctamente hasta el final de un período establecido, por ejemplo 0,98 para 1.000 horas.

Filtrado. Cuando se rectifica una c.a. para obtener c.c., la tensión o corriente continua resultantes tienen por lo general un rizado residual que se elimina con circuitos de filtro.

FORTRAN. Lenguaje de programación utilizado en el campo científico.

Fotoelectricidad. La luz incidente sobre ciertos materiales puede producir portadores de carga que constituirán una corriente denominada fotoeléctrica.

Función de trabajo. Energía que debe aportarse a un electrón para que escape de la superficie de un material, es la función de trabajo del material. Es una propiedad importante de las sustancias utilizada en la emisión fotoeléctrica o termoiónica.

Función escalón. Magnitud que cambia bruscamente de un valor a otro de forma que su variación en el tiempo resulta igual que un escalón.

GHz. Gigahertzio. Frecuencia de mil millones de ciclos por segundo (10^9 ciclos por segundo).

Hertzio (Hz). Unidad de frecuencia: un ciclo por segundo.

Holografía. Forma de reproducción fotográfica que utiliza una interferencia con luz de laser, dando lugar a la creación de una imagen de extraordinario realismo.

Hueco. Punto de la estructura sólida en donde falta un electrón y, en consecuencia, que tiende a atraer una carga negativa. Un hueco actúa como si estuviera positivamente cargado y se pudiera mover por el sólido.

Impedancia. La corriente alterna que circula por un circuito está dada por la tensión alterna aplicada dividida por la impedancia del circuito. La impedancia, medida en ohmios, es la resistencia equivalente de c.a.

Información. Se puede cuantificar el significado o información de un mensaje. Así, una letra contiene más información que un único dígito decimal porque identifica una posibilidad entre 26, en lugar de una entre 10. La unidad de información es el bit (dígito binario), que indica una elección de una de dos.

Inversión de población. En un sistema normal hay más átomos con nivel bajo de energía que con nivel alto —la población de átomos en un nivel alto de energía es menor que la de un nivel bajo—. La inversión de población es lo contrario de este equilibrio normal.

Inversor. Circuito que da un cero a su salida cuando hay un pulso en su entrada, y un pulso de salida cuando tiene un cero en su entrada.

Ión. Atomo o molécula que ha adquirido una carga eléctrica. Los iones en los gases o líquidos se moverán hacia un electrodo de polaridad opuesta.

Ionosfera. Cinturón que rodea la Tierra, en lo alto de la atmósfera, donde se produce un gran número de iones por la luz ultravioleta del Sol. La reflexión de los haces de radio en la ionosfera permite transmitir señales de radio al otro lado del mundo.

Klistrón. Amplificador u oscilador de muy alta frecuencia que utiliza un haz de electrones que atraviesa una cavidad resonante.

Laser. Fuente emisora de luz de gran coherencia, es decir, que toda tiene la misma frecuencia y fase. La acción laser tiene lugar en un sistema cuántico que favorezca la generación de luz de una única frecuencia y fase, y con realimentación regenerativa conseguida mediante espejos parcialmente reflectantes.

Laser de inyección. Laser en el que la luz coherente la genera un diodo emisor de luz (LED) que tiene una unión cuidadosamente formada con caras paralelas que dan la reflexión parcial necesaria para la acción laser.

LED (Diodo Emisor de Luz). Diodo de unión que emite luz cuando circula corriente por él en sentido directo.

Ley de Ohm. La corriente continua que circula por un circuito está dada por la tensión continua aplicada dividida por la resistencia del circuito. La resistencia se mide en ohmios.

Maser. Amplificador de microondas basado en los principios cuánticos, normalmente utiliza un rubí como sustancia activa. Los masers se usan en las comunicaciones mediante satélites a causa de sus excelentes propiedades de ruido.

Memoria magnética. Unidad de un computador en la que se graba la información magnéticamente y de la que puede recuperarse eléctricamente.

Microonda. Radiación electromagnética que tiene una longitud de onda de unos centímetros.

MODEM. Dispositivo que sitúa los datos procedentes de un ordenador, en una onda portadora; o que extrae estos datos de una onda portadora modulada, por ejemplo una línea telefónica.

Modulación de pulsos. Tren de pulsos utilizado en lugar de una onda portadora continua, que puede modularse para transportar un mensaje. Los pulsos pueden modularse en altura, grado de periodicidad o, más elaboradamente, en código de pulsos (PCM).

Modulador. Aparato que sitúa la información de un mensaje en la corriente de energía óptica o eléctrica que lo transportará del transmisor al receptor.

MTBF. Media de los Tiempos de Buen Funcionamiento, o tiempo medio entre fallos. Concepto importante para calibrar la fiabilidad de un equipo.

Multivibrador. Circuito oscilador que produce pulsos cuadrados.

Neutrón. Partícula sin carga que se halla en el núcleo, normalmente en compañía de protones.

Nivel de energía. Sólo hay determinados valores de energía que puedan poseer los electrones de un sólido, molécula o átomo. Un nivel de energía es uno concreto de estos valores.

Nivel de impureza. El modelo de niveles de energía de un sólido puede variar si se introducen en él impurezas. Un nivel adicional de energía, localizado en las proximidades de un átomo de impureza, es un nivel de impureza.

Nivel ocupado. Si existe un electrón en un sistema que tiene uno de los valores energéticos permitidos, se dice que ese nivel de energía está ocupado.

Nivel vacante. Si existe determinado valor de energía permitido en un sistema, pero ningún electrón posee esa cantidad de energía, a tal valor se le denomina nivel energético vacante.

Oscilador. Circuito que suministra una onda de tensión de salida sinusoidal o cuadrada a la frecuencia elegida tan pronto como se enciende la batería o cualquier otra fuente de a.f.

Oscilador de cristal. Circuito electrónico que utiliza un cristal piezoeléctrico, normalmente cuarzo, para dar una frecuencia muy estable en su salida de tensión alterna.

Oscilador de relajación. Oscilador, del tipo multivibrador en el que el período está controlado por el tiempo de carga y descarga de un condensador.

Par de Cooper. Dos electrones en un estado particular que dan al superconductor sus especiales propiedades.

Pentodo. Válvula termoiónica con cinco electrodos.

Piezoeléctrico. El cuarzo y algunos otros cristales son piezoeléctricos. Si una plaquita se comprime mecánicamente, se genera una tensión en las caras opuestas. Recíprocamente, una tensión alterna hará que la plaquita vibre.

Polarización. Valor fijo de corriente o tensión utilizado en un amplificador, u otro dispositivo, para llevarlo al mejor punto de funcionamiento, alrededor del cual se aplican las señales de tensión o intensidad.

Portadora. Energía de una única frecuencia, eléctrica (u óptica) que va del transmisor al receptor y sobre la que se halla impreso el mensaje a transportar.

Portadores minoritarios. Electrones presentes en un semiconductor tipo *p* donde la mayoría de los portadores son huecos. Inversamente, huecos en un semiconductor tipo *n*.

Potenciómetro. Disposición de dos resistencias que divide una tensión aplicada en dos valores proporcionales a las resistencias.

PROM. Memoria programable de solo lectura. Los datos de la memoria no pueden modificarse durante el cálculo, pero se pueden escribir en ella datos, con un sistema especial, una o quizá más veces.

Protón. Partícula positivamente cargada que se encuentra en el núcleo, normalmente en compañía de neutrones.

Puerta AND. Circuito lógico con dos o más canales de entrada. Da un pulso a su salida sólo si en los dos canales de entrada 1 y 2 hay un pulso.

Puerta OR. Circuito lógico con dos canales de entrada y una salida. Da un pulso de salida si hay un pulso en cualquiera de las entradas.

Pulso. Se produce cuando una tensión pasa de cero a un valor determinado que se mantiene por un corto espacio de tiempo antes de caer nuevamente a cero. Los pulsos se pueden repetir muchas veces por segundo.

Pulsos de reloj. Pulsos generados en un computador para establecer el ritmo básico y los tiempos de ceros y unos, que son los que constituyen la información en la máquina.

Push-pull. Disposición de dos transistores (o válvulas), efectiva en un amplificador u oscilador de alta potencia. Conducen en los semiciclos alternos.

Radiador. Un trozo relativamente grande de metal que se sitúa en contacto con un transistor u otro componente. El calor producido en el componente, que podría elevar su temperatura demasiado, se comparte con el radiador, con lo que se reduce el aumento de temperatura.

Rayos gamma. Radiación electromagnética muy penetrante emitida en las reacciones nucleares; los rayos son, como los X, de longitud de onda muy corta.

Realimentación. Se produce al tomar parte de la salida de un sistema y sumarla a la entrdada. La realimentación se usa para modificar el comportamiento de un sistema (por ejemplo, un amplificador), obteniendo unas mejores características.

Realimentación de velocidad. Disposición en un sistema de control en la que se realimenta y suma a la entrada una señal proporcional a la velocidad de la salida para mejorar la respuesta de un sistema que tenga unas características de rozamiento natural y retardo insatisfactorias.

Realimentación negativa. Se realiza realimentando parte de la salida a la entrada, de tal forma que se reduce el efecto de ésta. Normalmente mejora la estabilidad del sistema.

Realimentación positiva. Se realiza al realimentar a la entrada parte de la salida de un sistema, de tal manera que se suma al efecto de la entrada. Hace al sistema más sensible y puede provocar su oscilación.

Recta de carga. Línea que se construye sobre la característica de una válvula o transistor para el diseño de un amplificador y que representa el lugar geométrico de los puntos de funcionamiento del amplificador.

Rectificador. Dispositivo, normalmente un diodo, que permite el paso de la corriente eléctrica en un único sentido; se utiliza normalmente en la conversión de c.a. en c.c.

Rectificador de silicio controlado (SCR). Rectificador de silicio de cuatro capas con un tercer electrodo que impide la conducción hasta que le haya sido aplicado un impulso de disparo. También conocido como tiristor.

Red. Estructura fija y regular de los átomos o iones (por lo general cúbica) en un cristal.

Relación marca-espacio. En un tren de pulsos de tensión, habrá tensión durante un tiempo determinado y no lo habrá en el resto del tiempo. La relación del tiempo de encendido y el de apagado será de 0,2 para pulsos de 1 ms con una frecuencia de 200 pulsos por segundo.

Relación señal-ruido (*S*/*N*). El ruido está presente en todo sistema de comunicación, y en principio la relación *S/N* debe ser mayor que 1, de otro modo será oscurecida la señal buscada.

Resonancia. La resonancia eléctrica, que es posible en cualquier circuito que contenga inductancias y capacitancias, se da a una frecuencia determinada a la que la impedancia del circuito varía bruscamente de un valor máximo a uno mínimo. En un sistema mecánico, la resonancia se produce a una frecuencia de perturbación concreta que le hace vibrar fuertemente.

Rizado. Cuando se crea una tensión continua rectificando una alterna, aquélla presenta a menudo una pequeña componente de alterna (rizado) indeseada superpuesta. El rizado puede ser reducido y eliminado con circuitos de filtro.

ROM. Memoria de sólo lectura. Contiene datos que no pueden ser modificados una vez que ha terminado el proceso de fabricación.

Semiconductor. Material no aislante, pero que conduce la electricidad mucho menos que un conductor metálico ordinario.

Semiconductor extrínseco. Un material que en estado puro es aislante puede convertirse en un semiconductor si se le añade una impureza determinada. El material se hace así semiconductor extrínseco.

Semiconductor intrínseco. Material que en estado puro es semiconductor, es decir, su semiconducción no es debida a las impurezas.

Semiconductor tipo n. Semiconductor en el que los portadores de carga son electrones; se denomina tipo *n* por la carga negativa de aquéllos.

Semiconductor tipo p. Semiconductor en el que los portadores de cargas son huecos; se denomina tipo *p* porque los huecos son efectivamente como cargas positivas.

Señal de error. La diferencia entre la salida deseada y la obtenida realmente, en un sistema de control, se llama error. Se utiliza una corriente o tensión proporcional a él, la señal de error, para conducir el sistema en sentido de reducir el error.

Servomecanismo. Sistema que asegura el movimiento preciso de maquinaria, a menudo muy grande. Puede ser controlado por un operador sin necesidad de mucha fuerza o habilidad.

Sistema periódico. Lista de elementos ordenados por sus pesos atómicos que revela las propiedades químicas que reaparecen periódicamente a lo largo de la tabla.

Software. Se refiere a todo lo que sea programación de ordenadores.

Superconductor. Limitado número de materiales que, a temperaturas muy bajas, tiene resistencia cero y determinadas propiedades magnéticas importantes.

Tasa de fallos. Número de componentes de un equipo que fallan en un tiempo determinado. Típicamente fijado en un 5 por 1.000 por hora o 0,5 por 100 por hora.

Temperatura absoluta. Según la termodinámica el cero de esta escala está en –273 °C. La temperatura absoluta (por ejemplo, 300 K) es la temperatura en grados centígrados o Celsius (por ejemplo, 27 °C) más 273.

Termopar. Dos hilos de metales distintos unidos en un bucle, resultando, pues, dos puntos de unión. Si una unión se mantiene fría y la otra caliente, circulará una intensidad por el bucle. La tensión entre las dos uniones se puede utilizar como medida de la temperatura.

Tiristor. Rectificador de silicio de cuatro capas con un electrodo de control. También llamado SCR (véase Rectificador de silicio controlado).

Transductor. Aparato, normalmente eléctrico, que convierte energía de un tipo en otro; por ejemplo, un altavoz convierte la energía eléctrica en sonido.

Transistor. Componente semiconductor amplificador que se basa en la acción de dos uniones *pn* muy juntas entre sí sobre el mismo trozo de material.

Transistor de unión. Transistor.

Transistor *npn*. Transistor de unión con una fina capa de semiconductor tipo *p* situado entre dos capas tipo *n*.

Triodos. Válvula termoiónica amplificadora básica con tres electrodos.

Tubo. Se utiliza a veces en el mismo sentido que válvula.

Tubo de onda progresiva. Componente amplificador de banda ancha, utilizado a muy altas frecuencias, en el que una onda electromagnética, guiada por dentro del tubo mediante un hilo en espiral, interactúa con un haz de electrones que pasa a lo largo del eje de la espiral. La amplitud de la onda aumenta a costa de la energía cinética de los electrones del haz.

Tubo Geiger-Muller. Tubo con dos electrodos que contiene gas a baja presión. Cuando un pulso de radiación nuclear, o una partícula cargada, entra en el tubo pasa un pulso de corriente entre los dos electrodos.

Unión. Región con propiedades eléctricas especiales en la zona de contacto de dos semiconductores.

Válvula. En electrónica válvula significa válvula termoiónica; también se conoce como tubo.

Varactor. Diodo de unión que hace uso del hecho de que la capacidad de la unión varía con la tensión aplicada. Se utiliza como condensador de sintonía controlado por tensión o como elemento activo de un amplificador paramétrico.

Velocidad de conmutación. Tiempo transcurrido, al cerrar un interruptor, hasta que la corriente alcanza su valor máximo desde cero, y recíprocamente, para su desaparición al abrirlo. Los interruptores mecánicos son lentos comparados con los electrónicos, que pueden tener tiempos de conmutación menores de un microsegundo.

Zona de transición. Región en la unión de un semiconductor PN que contiene pocos portadores de carga y es la responsable de las propiedades rectificadoras de aquélla.

Algunos símbolos convencionales en circuitos

Batería primaria o secundaria

Banco de baterías

Tierra

Antena

Fusible

Interruptor (un solo polo, una sola posición)

Interruptor (un solo polo, dos posiciones)

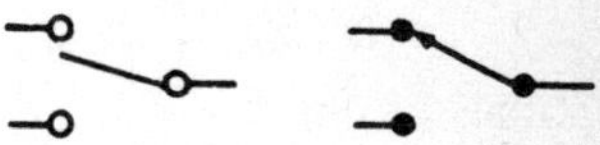

Altavoz

Bombilla de filamento

Resistencia fija

Resistencia variable

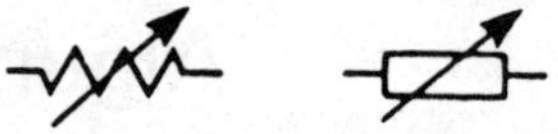

Condensador

Condensador variable

Arrollamiento (por ejemplo de una inductancia, bobina, transformador, etc.)

Transformador

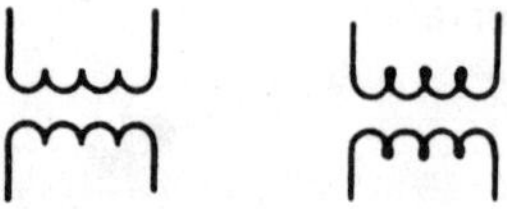

Transformador con núcleo

Diodo rectificador de semiconductor *

Transistor *pnp* *

* El símbolo del encapsulado se puede omitir.

Transistor *npn* *

Diodo termoiónico

Diodo termoiónico con el calentador dibujado

Triodo

Pentodo

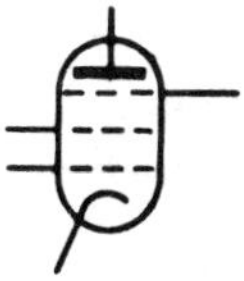

* El símbolo del encapsulado se puede omitir.

Índice de materias

TÍTULOS PUBLICADOS

MATEMÁTICA MODERNA, L. C. Pascoe (2.ª ed.).
ELECTRÓNICA, W. P. Jolly (3.ª ed.).
QUÍMICA, J. S. Clarke (2.ª ed.).
MARKETING, J. Stapleton (3.ª ed.).
FÍSICA, D. Bryant (2.ª ed.)
SECRETARIADO PRÁCTICO, M. Bosticco (2.ª ed.).
ELECTRICIDAD EN CASA, G. Davidson (2.ª ed.).
ECONOMÍA, D. Burningham, P. Bennett, M. Cave, D. Herbert y D. Higham (3.ª ed.).
RELAJACIÓN, J. Hewitt (2.ª ed.).
RELACIONES PÚBLICAS, H. y P. Lloyd (2.ª ed.).
EL LENGUAJE DEL CUERPO, G. R. Wainwright. (2.ª ed.).
ÁLGEBRA, P. Abbott.
MECÁNICA, P. Abbott (2.ª ed.).
TRATAMIENTO DE TEXTOS, V. Hughes (2.ª ed.).
GUITARRA, D. Fradd (2.ª ed.).
CARPINTERÍA, A. Yarwood (2.ª ed.).
FOTOGRAFÍA, R. Mason (2.ª ed.).
MÚSICA, K. Palmer.
ALEMÁN (libro + 2 cassettes), D. Lübke (2.ª ed.).
FRANCÉS (libro + 2 cassettes), D. Lübke (2.ª ed.).
INGLÉS (libro + 2 cassettes), D. Lübke (3.ª ed.).
ITALIANO (libro + 2 cassettes), D. Lübke (2.ª ed.).
PROCEDIMIENTOS PARA REUNIONES Y COMITÉS, G. R. Wainwright.
ELECTRICIDAD, D. Bryant.
¿ADELGAZAR, PERDER PESO...? (libro + 2 cassettes), D. Cohen.
TÉCNICAS DE ESTUDIO Y EXAMEN, E. Clough (2.ª ed.).
TRIGONOMETRÍA, P. Abbott.
GOLF, B. Gallacher, M. Wilson.
DIBUJO TÉCNICO, D. E. Maguire, C. H. Simmons.
ESTAR EN FORMA, S. Hoare.